SUPPLÉMENT

A LA DEUXIÈME ÉDITION DU

TRAITÉ SUR LES VINS DU MÉDOC

DE

Wm FRANCK.

BORDEAUX. — IMPRIMERIE D'ÉMILE CRUGY,

Rue et hôtel Saint-Siméon, 16.

SUPPLÉMENT

A LA DEUXIÈME ÉDITION DU

TRAITÉ SUR LES VINS DU MÉDOC

DE Wm FRANCK

SUIVI

DE L'EXAMEN ANALYTIQUE DES
BOIS DE CHÊNE EMPLOYÉS DANS LA TONNELLERIE
ET DE LEUR ACTION SUR LES VINS ET ALCOOLS

Par M. FAURÉ,

Pharmacien, membre de l'Académie des Sciences
Belles-Lettres et Arts de Bordeaux.

BORDEAUX
P. CHAUMAS, LIBRAIRE-ÉDITEUR
Fossés du Chapeau-Rouge, 34.

—

1854

AVANT-PROPOS.

Le *Traité sur les Vins du Médoc*, publié en 1824 par
M. W. Franck, avait obtenu un légitime succès ; la nouvelle
édition, bien plus complète, que nous avons mise au jour en
1845, a été accueillie avec non moins de faveur. On a généralement rendu justice au zèle et au soin avec lequel une masse
abondante de renseignements avait été recueillie et classée de
façon à présenter un tableau complet et aussi exact que possible de ce qui concerne la production viticole de la Gironde.

Mais déjà cinq années se sont écoulées depuis l'apparition de
cette seconde édition ; il est devenu nécessaire de la compléter
à certains égards. C'est le but qu'on s'est proposé en livrant à
l'impression un Supplément qui, nous l'espérons, ne sera pas
indigne de l'attention des négociants, des propriétaires, de
toutes les personnes, en un mot, qui sont intéressées à bien
connaître l'état des choses au sujet d'un des principaux articles
du commerce de la France.

Notre Supplément reprend d'abord les faits touchant les vins
au point où la seconde édition du livre de M. Franck les laissait ; il contient une appréciation raisonnée du mérite des récoltes qui se sont succédé depuis 1842 ; il fait connaître en
détail, à partir de 1845 et jusqu'à 1848, l'importance des expéditions au dehors des vins de la Gironde.

Ces renseignements ont été extraits des tableaux officiels de la Douane, publications importantes, mais que peu de personnes ont occasion de consulter ; elles exigent, d'ailleurs, beaucoup de temps et de patience de la part de qui les compulse. Nous avons cru devoir y joindre l'indication des quantités de vins consommées depuis dix ans à Paris.

Nous donnons aussi une énumération sommaire des principaux ouvrages relatifs à la culture de la vigne et à ce qui concerne les vins ; l'utilité de ces indications bibliographiques se démontre d'elle-même.

Une note sur le traitement des vins et divers détails concernant le même sujet achèveront, nous le pensons du moins, de donner de l'intérêt à notre travail.

PREMIER

SUPPLÉMENT

AU

TRAITÉ SUR LES VINS DU MÉDOC

(2ᵉ ÉDITION).

APPRÉCIATION DES DIVERSES RÉCOLTES

DE 1841 A 1848.

1841. — Ces vins, en se développant, ont acquis du moelleux, tout en conservant plus de corps et de parfum que les 1840, auxquels ils ont été généralement préférés, quant aux vins rouges. Les blancs étaient bons, mais moins estimés que les 1840. Les prix, d'abord très-modérés, reçurent une forte impulsion à la hausse, lorsque, dans l'été de 1842, l'on reconnut la bonne qualité des 1841, en même temps que le résultat peu favorable de la récolte pendante.

1842. — Cette année s'est trouvée très-réduite en quantité, et les vins ne s'élevaient pas, en général, au-dessus du médiocre. Les rouges étaient d'une bonne couleur et sans défauts marqués, mais faibles de corps et un peu verts. Les blancs, d'une qualité très-inférieure. — Les prix modérés.

1843. — Des froids tardifs, et un été excessivement humide et froid, avaient produit une maturité très-inégale dans la vigne, et par suite une des récoltes les plus médiocres en qualité et quantité que nous ayons vues depuis longtemps. Les vins rouges se sont trouvés maigres, durs, verts et faibles de couleur. Les blancs, quoique d'une qualité très-inférieure, se placèrent à des prix proportionnellement plus avantageux, grâce à la rareté des vins de ce genre.

1844. — La succession régulière des saisons, qui paraissait dérangée depuis quelques années, revint enfin dans celle-ci. A un hiver froid, succéda un printemps précoce et un été chaud, mais tempéré par des pluies bienfaisantes. La récolte s'annonça avec tous les signes d'une grande abondance et d'une réussite parfaite ; le résultat vint dépasser encore les espérances que l'on avait conçues. Les vins rouges de 1844 parurent sans défaut aux dégustateurs même les plus difficiles. Aussi riches en couleur que tendres et moelleux, ces vins étaient d'ailleurs pourvus d'un bouquet délicieux, et ils possédaient ce goût de fruit, qui est le signe d'un développement parfait.

Les vins blancs, qui, pour acquérir un degré supérieur, demandent une chaleur plus constante, étaient bons, mais loin de valoir les vins rouges.

L'excellente qualité de ceux-ci étant reconnue de bonne heure, les grands vins de 1844 s'enlevèrent de suite après la récolte à des prix extrêmement élevés, et tels qu'on n'en avait pas payé depuis 1825. C'était une chance défavorable pour le commerce, car il fallait que cette année répondît à toutes les espérances con-

çues, et, de plus, qu'elle restât sans rivale pendant
longtemps, pour qu'on pût obtenir une réalisation tant
soit peu avantageuse ; elle pouvait donner des pertes
immenses, si la qualité tournait mal comme en 1825.
Cette considération arrêta l'ardeur des achats dans les
vins moyens et inférieurs, dont les prix restèrent toujours au-dessous de ceux de 1825.

Les vins blancs s'obtinrent à des prix modérés, ex-
cepté les Yquem, qui atteignirent le prix élevé de 1,200 fr.

1845. — Cette année pluvieuse et froide, et dont
l'hiver s'était prolongé outre-mesure, a donné les vins les
plus mauvais que le commerce ait connus depuis vingt
ans. Maigres, secs, dépourvus de couleur, les rouges
n'égalèrent peut-être pas les 1829, et ils demeurèrent
longtemps encore soit chez les propriétaires, soit chez
quelques spéculateurs assez malheureux pour s'être
chargés d'une pareille marchandise. Les blancs étaient
également inférieurs ; il a fallu une rareté extrême de
vins pour qu'il se présentât quelques acheteurs disposés
à faire emplette de ceux de 1845.

1846. — La température du printemps se présenta
d'abord d'une manière aussi favorable que celle de 1844 ;
mais quelques gelées et une température assez froide en
avril produisirent une forte coulure après la floraison,
et diminuèrent considérablement les richesses attendues.
Les chaleurs furent extrêmes durant juin, juillet et août ;
la récolte fut précoce, et elle se fit sous des auspices
favorables.

Les vins de 1846 portent le caractère d'une grande
année. Offrant une sève extrêmement riche, pourvus

de plus de corps et de couleur que les 1844, ils n'en ont pas tout le moelleux et la finesse, mais par cela même ils paraissent destinés à un rôle plus brillant. Leur développement sera un peu plus lent, mais leur durée se prolongera probablement au-delà de celle des vins de 1844. Car, il faut bien en convenir aujourd'hui, cette année, d'une réussite si parfaite en apparence, ne tient pas tout ce qu'elle promettait; déjà elle paraît vouloir décliner un peu, et éprouver les atteintes de ce mal dont depuis une quinzaine d'années presque toutes nos bonnes années paraissent souffrir. Quelle peut être la cause de ce phénomène? Faut-il la chercher dans les procédés de dégrappage généralement employés aujourd'hui dans les vendanges? Faut-il l'attribuer à une production exagérée par le fumier de vache ou par le renouvellement trop fréquent des ceps vieillis? Il serait d'une utilité extrême de rechercher les causes qui, après des apparences trompeuses, amènent cette dégradation trop rapide de nos vins rouges, en leur faisant perdre, avant leur parfaite maturité, le meilleur de leur sève et de leur bouquet; ce serait en même temps rendre un service signalé au commerce, qui si souvent s'est laissé tromper dans ses prévisions.

Les vins rouges de 1846 sont restés longtemps invendus. D'après l'opinion générale des propriétaires, ils égalaient les 1844 : aussi on demanda longtemps et on obtint quelquefois les prix de cette année.

Quant aux vins blancs, ils furent achetés, en 1847, à des prix assez élevés, justifiés par leur excellente qualité qui s'est parfaitement développée.

1847. — Hiver peu rigoureux, suivi d'un printemps

et d'un été assez tempérés. Récolte très-abondante , produisant des vins rouges un peu légers , mais pleins d'agrément , de bouquet , et qui se développent promptement. Prix excessivement bas, et favorables au commerce par la réussite des vins, dont l'Allemagne et la Hollande demandent des quantités majeures. Les colonies , et surtout les Etats-Unis , en absorbent tout ce qui est d'un prix très-modique.

Les 1847 doivent surtout leur réputation à cette circonstance; néanmoins il faut convenir qu'ils ont des qualités très-appréciées dans la plupart des pays qui consomment nos vins.

Les blancs, sans être de grande qualité , sont également d'une bonne réussite ; ils ont facilement trouvé des acheteurs , à de très-bas prix , il est vrai.

1848. — Janvier assez froid ; il y a des glaçons dans la rivière , mais, grâce à une neige abondante, la vigne n'en souffre pas. Février et mars sont tempérés ; avril beau , quelques pluies ; mai chaud ; juin tempéré ; juillet et août, grandes chaleurs. En septembre , refroidissement assez marqué de la température , et pluies fortes vers la fin du mois.

Récolte très-abondante. Vins rouges de bonne maturité , un peu trop peut-être ; les vins sont assez colorés, tendres et moelleux, tout en ayant un peu plus de corps que l'année précédente ; quelques-uns ont une légère tendance à la fermentation.

Vins blancs. Ce qui fait surtout la qualité des vins blancs, c'est le temps convenable un peu avant et pendant la récolte. Cette époque commence presque toujours lorsque déjà la récolte dans le Médoc est terminée ou très-avancée ; elle se prolonge ensuite beaucoup au-delà du temps nécessaire pour vendanger les vins rouges. Il arrive donc fréquemment que , le temps favorable aux vins rouges ayant amené le raisin blanc à sa presque maturité , le mauvais temps vient ensuite contrarier la récolte, et le vin, sans être mauvais, reste inférieur au vin rouge. Cela arriva un peu en 1847, et plus encore en 1848 ; les produits de cette année, de même que ceux de la précédente, se sont vendus à bas prix.

1849. — Hiver extrêmement doux, absence complète de glace ; gelées en avril, et température assez froide jusqu'au milieu de mai ; chaleurs excessives et vents fréquents du midi pendant juin, juillet et août. Récolte précoce et très-réduite par la longue sécheresse. Vins rouges un peu durs et dépourvus d'agrément, quoique assez corsés et colorés. Vins blancs inférieurs au deux années précédentes.

CLASSEMENT

DES VINS ROUGES DES TRENTE-CINQ DERNIÈRES ANNÉES.

1815-19.	1821-29.	1830-39.	1840-49.	
*1815.	»	1831, 34.	1841, *44, 46.	Type des grandes années, achetés à des prix élevés, et se développant bien.
*1819.	1828.	»	*1840, *47, 48.	Types de bonnes années légères, achetés à des prix modérés ; développement parfait.
»	*1823.	*1835.	1842.	Types des années très-légères, achetés à très-bas prix.
»	*1825, 22.	*1832.	»	Vins réputés de grande qualité, payés cher, et qui n'ont pas répondu à l'attente qu'on en avait conçue.
1818.	1821, 27.	*1833, *37, 38, 39.	1849.	Vins de qualité médiocre, et généralement reconnus pour tels.
»	1820, *24, 26.	1830, 36.	1843.	Vins reconnus mauvais.
1816, 17.	*1829.	»	1845.	Types des années les plus inférieures.

Récoltes très-abondantes.

Ce qui frappe dans le tableau ci-dessus, c'est l'amélioration dans la production de nos vignobles rouges. Les premières quinze années n'en ont que trois dans les deux classes supérieures et six dans les deux dernières. Dureté et maigreur, tel est le caractère dominant de cette période.

La seconde période, 1830-39, présente deux grandes réussites, mais d'une quantité très-réduite ; elle n'offre rien qui rentre dans notre dernier type. La dureté est le caractère dominant de cette période jusqu'en 1837.

La troisième période, de 1840-49, au contraire, offre six années dans les deux premières classes et deux dans les deux dernières. Ici, et déjà à partir de 1837, ou même de 1834, dominent les vins séveux, moelleux, parfumés. Ces qualités ont, il est vrai, une tendance à disparaître trop tôt dans les grands vins, mais enfin elles existent dans le principe, et elles favorisent singulièrement l'écoulement des vins ordinaires et de classe moyenne.

PRIX DES VINS DE LA GIRONDE.

	1845.	1846.	1847.	1848.
St-Macaire. Blaye. Bourg	»	225, 300.	»	130, 150.
Côtes..................	»	230, 270.	130, 150.	160, 180.
Palus, Queyries, Monferr.	» –	230, 270.	130, 200.	150, 200.
Saint-Emilion.............	»	400, 450.	160, 200.	250, 300.
Graves..................	»	»	170, 250.	»
Bas Médoc...............	»	300, 350.	160, 180.	160, 190.
Bon Médoc...........	»	400, 500.	200, 250.	200, 250.
Petits bourgeois...........	»	600, 700.	250, 275.	260, 300.
Bons d°	»	750, 850.	300, 325.	325, 350.
Bourgeois supérieurs	200, 250.	900, 1000	400, 450.	400, 450.
5ᵉ crû...............	»	1100, »	500, 550.	500, 600.
4ᵉ d°....	»	1200, 1400.	575, 650.	625, 675.
3ᵉ d°....	450, 500.	1500, 1600.	700, 800.	725, 850.
2ᵉ d°.....	»	1800, 2000.	900, 1000.	900, 1000.
1ᵉʳ d°.....	»	»	»	»

	Prix payés en 1847.	Prix payés en 1848.	Prix payés en 1849.

RELEVÉ

DES QUANTITÉS DE VINS AYANT PAYÉ LES DROITS D'ENTRÉE
A PARIS.

1839.............	909,086	hectolitres.
1840.............	866,330	—
1841.............	970,728	—
1842.............	964,107	—
1843.............	1,021,127	—
1844.............	945,849	—
1845.............	1,048,850	—
1846.............	1,029,549	—
1847.............	989,570	—
1848.............	824,982	—

CATALOGUE

D'OUVRAGES RELATIFS AU VIN ET A LA CULTURE DE LA VIGNE.

Nous n'avons pas voulu entreprendre une énumération complète de *tous* les ouvrages qui rentrent dans la catégorie que nous venons d'indiquer; cette tâche serait beaucoup trop longue (1); nous nous sommes bornés à réunir les titres des livres les plus curieux ou les plus dignes d'être consultés. La première chose à faire lors-

---

(1) Dans son savant ouvrage sur les vers intestinaux, 1810, Rudolphi donne une bibliographie relative à cette portion de l'histoire naturelle; il énumère 629 articles, et il n'a pas tout connu. Qu'on juge, par ce seul objet, de ce que serait une bibliographie générale !

qu'on veut aborder sérieusement une question, est de
connaître les travaux auxquels elle a déjà donné lieu.
Cette connaissance est peu facile à obtenir. Il n'existe
point de répertoire encyclopédique indiquant, sur chaque sujet, les ouvrages auxquels il faut avoir recours.
Un pareil livre serait une entreprise pénible, exigeant
le concours de collaborateurs actifs, zélés, ayant tout
lu, tout compulsé; mais sa publication serait un im-
mense service rendu aux sciences de toute nature.

Nous avons, pour plus de clarté, divisé en plusieurs
sections la liste que nous avons dressée.

§ 1. — Ouvrages anciens.

A. Baccius. De naturali vinorum historia. *Romæ*, 1596,
  in-folio, volume rare, 14 feuillets et 370 pages.

C. Stephani. Vinetum. *Paris*, 1537, in-8°.

Suave. Devis sur la vigne, vins et vendanges d'Orléans. *Paris*, 1549, in-8°, 48 feuillets.

G. Gratarolus. De vini natura. *Argentorati*, 1565,
  in-8°.

J. Palmarius. De vino et pomaceo, libri II. *Paris*, 1588,
  in-8°.

V. Textor. Traicté de la nature du vin et de l'abus tant
  d'iceluy que des autres breuvages. *Paris*, 1604, in-8°.

Canonherius. De admirandis vini virtutibus. *Antuerpiæ*,
  1627, in-8°.

P. Rendella. Tractatus de vinea, vindemia et vino.
  Venetia, 1629, in-folio.

E. Lomelin. L'Avant-goût du vin. *Douay*, 1630, in-8°.

J. Cornarius. Theologia vitis viniferæ. 1614, in-8°.

L. Meyssonier. Œnologie ou Discours du vin. *Lyon*,
  1636, in-8°.

P.-J. Sachs. Ampelographia, sive vitis viniferæ consi-
deratio. 1664.

§ II. — Ouvrages publiés durant le XVIIIᵉ siècle.

Manière de cultiver la vigne et de faire le vin de Champagne. *Reims,* 1718, in-4°.

J. Boullay. Manière de cultiver la vigne et de faire la
vendange dans le vignoble d'Orléans. 1723, in-8°.

Soderini. Trattato della cultivazione delle viti. *Firenze,*
1734, in-4°.

Traité sur la nature et la culture de la vigne, sur le
vin et la façon de le faire, 2ᵉ édition, revue par
Duhamel du Monceau. *Paris,* 1759, 2 vol. in-12.

C.-S. Herbert. Discours sur les vignes. *Paris,* 1756,
in-12.

D. Barberet. Mémoire qui a remporté le prix proposé
en 1764 par l'Académie de Lyon, sur cette question : Quelles sont les causes qui font passer le vin?
quels sont les moyens de prévenir cet accident? *Lyon,*
1764.

Le Commerce des vins réformé, rectifié et épuré, ou
Nouvelle méthode pour tirer un parti sûr, prompt et
avantageux des récoltes en vins. 1769.

E. Beguillet. OEnologie ou Discours sur la meilleure
méthode de faire le vin et de cultiver la vigne. *Dijon,*
1770, in-12.

Maupin. Expériences sur la bonification de tous les
vins lors de la fermentation, ou l'Art de faire le vin.
Paris, 1770.

J.-F. Colas. Le Manuel du cultivateur dans le vignoble
d'Orléans, utile à tous les autres vignobles du royau-
me. 1770.

F. Rozier. Mémoire sur la manière de faire et de gou-
verner les vins de Provence. *Lyon*, 1772.

Plaigne. L'Art d'améliorer et de conserver les vins.
Paris, 1781.

Bertholon. Mémoire qui a remporté le prix de l'Académie de Montpellier, sur cette question : Déterminer
par un moyen fixe, simple et à portée de tout cultivateur, le moment auquel le vin, en fermentation
dans la cuve, aura acquis toute la force et toute la
qualité dont il est susceptible. *Montpellier*, 1781.

Manuel pratique pour faire toute sorte de vin, par
Bridelle de Neuillon. 1782, in-12.

J.-B. de Secondat. Mémoire sur la culture de la vigne
et sur le vin de la Guienne, à la suite des Mémoires
sur l'histoire naturelle du chêne. *Paris*, 1785, in-folio.

§ III. — Culture de la vigne, soins à donner aux vins.

A. Fabroni. De l'Art de faire le vin, ouvrage couronné
par l'Académie de Florence, traduit par Baud. *Paris*, 1801, in-8°.

Chaptal. Traité sur la culture de la vigne, avec l'art de
faire le vin. *Paris*, 1801, 2 vol. in-8°.

De l'Usage de la fumée dans les vignes contre les gelées tardives du printemps. *Paris*, 1805, in-8°.

A.-A. Parmentier. Vues générales sur la méthode de
conserver les vins en tonneaux et en bouteilles.
Paris, 1818, in-8°.

Le Parfait Vigneron, par Rosier, Chaptal, Parmentier et Dussieux. *Paris*, 1811, in-4°.

Lumbry. Exposé d'un moyen pour empêcher la vigne
de couler. *Paris*, 1818, in-8°.

De la Graisse des vins, par Herpin, ouvrage couronné
par la Société d'Agriculture de la Marne. *Châlons*,
1819, in-8°, 56 pages.

Essai sur la culture de la vigne, par Labouïsse. *Nar-
bonne*, 1814, in-8°, 47 pages.

Mémoire sur la culture de la vigne, par Aubergier. *Clermont*, 1820, in-8°, 32 pages.

Instruction sur l'art de conserver le vin, par Feuillade,
Paris, 1821, 34 pages.

Moyens simples et naturels pour augmenter la quantité
de vins en France sans en diminuer la qualité. *Paris*,
1821, in-8°.

Essai sur l'art de faire le vin, par Rougier de la Ber-
gerie. 1821, in-8°, 142 pages.

Nouveau Manuel du vigneron, par Sibuet. 1822, in-8°,
88 pages.

Notice sur la fermentation vineuse, par Desonzilles.
1822, 18 pages. (Tirage à part d'une notice insérée
dans le tome VII des *Annales de l'Industrie*.)

Résultat de quelques expériences sur la fermentation vineuse, par Gouvenin. *Dijon*, 1822, in-8°, 32 pages.

L'appareil vinificateur de Mlle Gervais donna lieu, en
1822, à la publication d'un assez grand nombre de
brochures écrites par MM. Assiot, Dispan, Julia,
Delaveau, et autres agronomes.

Nouveaux procédés sur l'amélioration des vins, par
Chaumette. *Clermont*, 1823, in-8°, 62 pages.

Mémoire sur le perfectionnement de la vinification, par
Elie Dru, couronné par la Société d'Agriculture du
Gers. *Niort*, 1823, in-8°, 68 pages.

L'Art œnologique réduit à la simplicité de la nature,
par Cadet de Vaux. 1823, in-12, 48 pages.

Traité théorique et pratique de vinification, par L.-J. D. Paris, 1824, in-12, 420 pages.

Traité sur la culture de la vigne, par Brun-Chappuis. *Genève*, 1824, in-8°, 32 pages.

Recherches de la meilleure méthode de faire fermenter le vin, par Bigot de Morogues. *Paris*, 1825, in-8°, 240 pages.

Nouvelle Méthode de vinification, par Aubergier. 1825, in-12, 296 pages.

Principes sur la culture de la vigne en cordons, par Clerc. *Châtillon-sur-Seine*, 1825, in-8°, 84 pages.

Art de cultiver la vigne et de faire le vin, par Salmon. 1826, in-12, 298 pages.

OEnologie française ou Statistique de tous les vignobles et de toutes les boissons vineuses et spiritueuses de la France, par Cavoleau. 1827, in-8°, 438 pages. (Cet ouvrage obtint de l'Institut le prix de statistique en 1827.)

Manuel théorique et pratique du vigneron français, par Thiébaut de Berneaud. 1827, 3e édition, in-18, 360 pages. (1re édition, 1824; 2e édition, 1826.)

Traité de la culture de la vigne et de la vinification, par B.-A. Lenoir. *Paris*, 1828, in-8°, 640 pages et 10 planches.

Notice sur les vignobles de la Touraine et de l'Anjou, ou Histoire d'une barrique de vin depuis le moment où la végétation se met en mouvement pour la produire, jusqu'à celui où elle vient d'être débitée dans un cabaret de Paris, par Dupetit-Thouars. 1829, in-8°, 32 pages, 2e édition. (La 1re édition, publiée la même année, est anonyme.)

Manuel du vigneron, par CLERC. *Châtillon-sur-Seine,* 1829, in-8°, 180 pages.

Nouveau traité sur la maladie des vins, leur conservation et leur bonification, par LAVALLE. 1831, in-8°, 16 pages.

L'Art de faire vieillir le vin, par EMMANUEL GERVAIS. *Toulouse,* 1831, in-8°, 16 pages.

Anatomie de la vigne, par W. CAPPER, traduit de l'anglais par V. DE MOLÉON. *Paris,* 1832, in-12, 92 pages.

Topographie de tous les vignobles connus, par A. JULLIEN. *Paris,* 1848, in-8°, 4e édition.

Livre du vigneron et du fabricant de cidre, par DE MAUNY DE MORNAY, suivi de l'Hygiène du vigneron, par L. DE LA BERGE. 1837, in-18, 252 pages. (Une seconde édition. *Paris,* 1842.)

Le Vigneron expérimenté, par LAVOCAT. *Bar-le-Duc,* 1836, in-8°, 16 pages.

Manuel du sommelier, ou Instruction pratique sur la manière de soigner les vins, par A. JULLIEN. *Paris,* 1846, in-18, 6e édition.

Exposé des divers modes de culture de la vigne et des différents procédés de vinification dans plusieurs des vignobles les plus renommés, par le comte ODART. *Tours,* 1837, in-8°.

Le Nouveau Parfait Vigneron, par LOIZELIER. *Paris,* 1837, in-12, 240 pages.

Notice sur la nouvelle fabrication du vin à l'aide d'un appareil breveté, par DENIS. 1838, in-8°.

Nouvelle Méthode de vinification, par L. SERANE. *Paris,* 1839, in-8°, 44 pages.

L'Art de faire les vins, par le comte CHAPTAL. *Paris,* 1839, 3e édition, augmentée de la description d'appa-

reils de la vinification, par L. DE VALCOURT. in-8°,
408 pages. (La 2ᵉ édition est de 1819 ; la 1ʳᵉ, de 1801.)

Dissertation sur le vin et ses falsifications, thèse pré-
sentée à la Société d'émulation pour les sciences phar-
maceutiques de Paris, par U.-R. REY-D'IVERSAIS.
1839, in-4°, 36 pages.

Essai d'ampélographie, ou Description des cépages les
plus estimés dans les vignobles de l'Europe, par
le comte ODART. 1840, in-8°, 48 pages.

Culture des chasselas de Fontainebleau (Manuels-
Roret). 1844, in-18, 48 pages.

Catalogue de l'école des vignes de la pépinière du
Luxembourg, par HARDY. 1846, in-4°, 120 pages.

Traité de la taille de la vigne, par L. MARTINEAU.
Bordeaux, 1845, in-8°, 36 pages.

Manuel du Vigneron, par le comte ODART. *Paris*, 1845,
in-12, 217 pages, 2ᵉ édition.

Rapports des deux commissions des vins au Congrès
central d'agriculture, sessions de 1844 et 45. *Paris*,
1845, in-8°, 54 pages.

Traité complet de vinification, par H. MACHARD. *Be-
sançon*, 1845, in-8°, 144 pages.

Examen raisonné du commerce des vins à Paris, par
LECOUTRE DE BEAUVAIS. *Bordeaux*, 1845, in-8°,
16 pages.

Échalas paisseaux et lattes (Médoc), remplacés par des
lignes de fil de fer mobiles, par ANDRÉ MICHAUX.
Paris, 1845, in-8°, 92 pages.

Traité sur les vins de la France, par BATILLIAT. *Mâcon*,
1846, in-8°, 352 pages.

Ampélographie ou Traité des cépages les plus estimés,
par le comte ODART. *Paris*, 1849, in-8°, 490 pages.

(Un membre de l'Institut, M. Chevreul, a publié sur cet important ouvrage une série d'articles dans le *Journal des Savants,* 1845, pag. 705, 1846, pag. 27 et suiv. ; ils ont été réunis à part sous le titre de *Rapport,* 1846, in-8°, 112 pages.)

Notice explicative de l'appareil vignicole par L. Tourneur, préservant la vigne de la gelée, de la grêle, de la coulure. *Paris,* 1847, 16 pages.

Nouveau mode de culture et d'échalassement de la vigne, par Collignon d'Ancy. *Metz,* in-8°, 202 pages.

Instruction sur une nouvelle méthode de cultiver la vigne, par V.-F. Lebeuf. *Châtillon,* 48 pages.

Actes du Congrès des vignerons, 1re session, tenue à Angers en 1848. In-8°, 216 pages.

Idem, 2e session, tenue à Bordeaux en 1843. 240 pages.

Idem, 4e session, tenue à Dijon en 1845. in-8°, 535 pag.

Idem, 5e session, tenue à Lyon en 1846. in-8°, 648 pages.

De la culture de la vigne et de la fabrication du vin, par A. Puvis. *Paris,* 1848, in-8°, 324 pages.

Épitre d'un vigneron aux propriétaires de terres à vignes, par Dufrayer. *Mont-de-Marsan,* 1850, in-8°.

§ IV. — Localités, statistique.

Recueil de poésies latines et françaises sur les vins de Champagne et de Bourgogne. *Paris,* 1712, in-8°.

Nouvelle Méthode pour la culture de la vigne dans le département de la Gironde, par le baron de Rigault. Bordeaux, 1825, in-12, 87 pages.

Culture de la vigne dans le Calvados, par Noget. *Falaise,* 1835, in-8°, 32 pages.

Essai d'œnologie statistique des Vosges, par Bouvier. *Epinal,* 1836, in-8°, 48 pages.

Considérations sur les vins d'Auvergne, par FREBOUL.
Rions, in-8°, 32 pages.

Essai de la culture de la vigne dans le département de
l'Ain, par ALEXANDRE SIRAUD. *Bourg*, in-8°, 102 pages, imprimé à petit nombre. (Les chap. 2, 3 et 4
ont été insérés dans le *Journal d'agriculture de
l'Ain*, 1848.)

Remarques sur la culture de la vigne dans l'arrondisse-
ment de Marmande, par LUCINET aîné. *Marmande*,
1847, in-4°, 24 pages.

Origine et développement du commerce de vin de
Champagne, par AD. MAIZIÈRE. in-4°, 26 pages.
(Dans les *Travaux de l'Académie de Reims*.)

Essai sur l'Histoire des vins de Champagne, par MAX.
SUTAINE. *Reims*, in-12, 118 pages.

Tournée dans les vignobles du Mâconnais et du Beau-
jolais, par A.-B. *Lyon*, 1842, 48 pages.

Etudes sur les produits des cépages de la Bourgogne,
par BOUCHARDUT. 1846, in-8°, 32 pages.

Statistique de la vigne dans le département de la Côte-
d'Or, par MORELOT. *Dijon*, 1831, in-8°.

Le Vigneron Charentais, par RAGUENAUD. *Angoulême*,
1847, in-8°, 70 pages.

Essai sur la Statistique œnologique du Loir-et-Cher,
par G. F. *Blois*, in-12, 46 pages.

Analyse chimique et comparée des vins du département
de la Gironde, par J. FAURÉ. (Important travail in-
séré dans les *Actes de l'Académie de Bordeaux*, 5e année, 1843, pages 603-666, et dont il a été fait un
tirage à part.)

Guide du propriétaire de vignes, par DU PUITS DE MA-
CONEX. *Bordeaux*, 1850, in-8°.

§ V. — Droits sur les boissons, tarifs de douane, etc.

Les réclamations des Comités vinicoles, les discussions engagées dans les Chambres législatives, ont donné lieu à un grand nombre de mémoires, de pétitions, de discours, de brochures. Dans cette masse d'imprimés, on rencontre des renseignements précieux, des vues utiles et praticables, mais il faut savoir choisir et trier. Les limites de notre travail ne nous permettant pas d'indiquer toutes ces publications, nous allons nous borner à en signaler quelques-unes :

Des droits sur les boissons, par BLANCHARD. 1828, in-8º.

Propositions et développements sur l'impôt indirect du vin, par BASTIDE D'IZAR. 1829, in-8º.

Observations sur les moyens de remédier à la détresse de l'industrie vinicole, par un propriétaire du département du Gers. 1843, 44 pages.

La Question viticole, par G. LAISSAC. 1843, in-8º, 32 pages.

Coup-d'œil sur les réclamations du Comité viticole, par LANQUETIN. *Paris,* 1842, in-8º, 48 pages.

Etat actuel de la Question viticole, par H. FAURE. in-8º, 160 pages.

Assemblée générale des délégués des départements viticoles, tenue à Bordeaux en septembre 1843. in-8º, 169 pages.

Considérations sur les octrois et leurs rapports avec les boissons, par M. DE LA GRANGE, député de la Gironde. 1844, in-8º.

Sur le commerce des vins et sur les droits qu'ils supportent en France et en Angleterre, par L**AINÉ**. *Paris*, 1824, in-8°, 34 pages.

De la consommation des vins de France en d'Angleterre. *Bordeaux*, 1843, 22 pages.

Les faits contenus dans cet opuscule s'arrêtent à l'année 1841 ; il n'est pas inutile d'en donner la continuation.

Le gallon équivaut à 4 litres 54. Nous indiquons les quantités de vins de France importées et acquittées dans les trois royaumes.

	IMPORTATION.	CONSOMMATION.
1842.....	504,475	382,417 gallons.
1843.....	479,983	347,544 —
1844.....	725,308	492,307 —
1845.....	562,818	469,001 —
1846.....	473,034	434,525 —
1847.....	549,118	425,158 —
1848.....	680,374	378,920 —

Ce qui donne, pour la consommation annuelle, une moyenne de 418,557 gallons, équivalant à 1,900,248 litres.

TRAITEMENT SUR LES VINS EN BARRIQUES.

A la réception des vins vieux en barriques, il faut enlever la double futaille, ouiller avec du vin de bonne qualité, et placer la barrique dans une cave, la bonde sur le côté, en la tournant de *gauche à droite* pour éviter tout contact du vin avec l'air extérieur.

Après deux ou trois semaines de repos, on doit s'assurer, avant de tirer le vin en bouteilles, s'il est parfaitement limpide. On ne peut en être certain qu'en examinant le vin dans un verre à pied contre une lumière *dans l'obscurité*. Si l'on met le vin en bouteilles quand il n'est pas limpide, il dépose beaucoup et contracte de la dureté, parce qu'il n'est pas purgé de ses lies. Dans le cas où le vin ne deviendrait pas limpide naturellement après un peu de repos, il serait urgent de le coller avec huit blancs d'œufs. Quinze ou vingt jours après le collage, et surtout si le vent vient de l'est, on trouvera le vin brillant et prêt à être mis en bouteilles.

On recommande une grande propreté des bouteilles et le choix de bons bouchons qui doivent entrer avec assez de force pour boucher hermétiquement les bouteilles; il faudra les placer sur le flanc dans un endroit frais et à l'abri de tout courant d'air. L'emploi du mastic est utile pour les vins que l'on veut garder longtemps, afin d'éviter que les bouchons ne soient rongés par les vers.

Les vins ne se développent parfaitement qu'après un séjour de plusieurs mois dans la bouteille.

OBSERVATIONS SUR LES VINS EN BOUTEILLES.

Les vins en bouteilles forment un dépôt plus ou moins considérable, selon que l'année a plus ou moins de vinosité. Ce dépôt ne nuit en rien à la qualité du vin, pourvu qu'on prenne la précaution de déboucher la bouteille (de préférence avec un tire-bouchon à vis), en la laissant sur le flanc, dans la même position où elle se trouvait dans le caveau, et sans la secouer aucunement.

Le bouchon étant enlevé adroitement, on tient la bouteille penchée sur le même flanc et placée contre une lumière pour la décanter dans une bouteille propre jusqu'à ce qu'on aperçoive que le dépôt qui forme une tache noire sur le flanc de la bouteille arrive vers le goulot de la bouteille.

Il vaut mieux alors arrêter le décantage, car le dépôt, mêlé avec le vin, lui enlève son bouquet et lui donne de la dureté.

On peut aussi décanter après avoir laissé la bouteille vingt-quatre heures debout, et la déboucher dans cette position, ce qui est plus facile.

On ne saurait assez recommander le décantage fait avec soin, car un vin fin de Bordeaux perd toute sa valeur lorsqu'il est bu trouble, et ne vaut alors guère plus qu'un vin ordinaire ; tandis que, bien décanté, il développe le bouquet qui distingue nos vins fins, et ce moelleux et velouté qui est si recherché par les gourmets.

Il est essentiel de ne jamais laisser les bouteilles débouchées ; plus le vin est séveux, et plus il est sujet à s'éventer.

VINS EN CERCLE EXPÉDIÉS DE LA GIRONDE.

Nous avons donné le tableau des exportations des vins de la Gironde pour l'étranger et pour les colonies jusqu'à 1844. Nous complétons ces détails en formant un tableau du même genre pour ce qui concerne l'exportation durant les quatre autres années qu'embrassent les documents officiels publiés en ce moment.

	1845.	1846.	1847.	1848.
Russie	14,947ʰ	15,089ʰ	18,061ʰ	23,458ʰ
Suède	1,722	1,431	1,530	1,257
Norvège	5,320	1,783	2,459	1,531
Danemark................	10,745	4,501	8,471	9,834
Association allemande..	27,357	23,766	26,073	26,814
Pays-Bas	79,052	23,730	49,303	37,364
Belgique................	63,869	41,844	57,850	39,037
Villes anséatiques.......	96,905	83,210	94,082	123,920
Hanovre	6,568	1,993	5,344	7,674
Mecklembourg...........	6,780	4,988	5,470	5,942
Angleterre..............	9,020	6,096	14,104	11,652
Algérie.................	947	1,687	1,819	1,039
Maurice..................	41,665	36,681	45,275	48,215
Indes hollandaises......	2,307	548	»	3,069
Etats-Unis..............	50,819	64,209	57,724	95,409
Cuba et Puerto-Rico...	3,466	2,179	5,187	3,670
Brésil....................	5,695	3,044	6,980	3,991
Mexique.................	1,149	1,562	1,138	2,934
Chili....................	10,857	10,502	13,058	10,257
Uruguay.................	6,719	4,028	18,273	25,017
Guadeloupe.............	8,483	7,856	12,488	4,109
Martinique.............	6,197	5,586	7,201	3,192
La Réunion.............	16,482	23,494	21,106	12,010
Sénégal	8,461	8,297	11,583	9,734
Cayenne	2,172	3,226	2,716	1,645
Autres pays..............	14,514	2,281	9,011	8,238
Total......	504,445ʰ	386,918ʰ	495,918ʰ	521,025ʰ

Durant ces quatre années, les expéditions de vins en bouteilles ont successivement présenté les chiffres suivants : 20,090, 13,274, 24,651 et 27,477 hectolitres.

Les principales destinations ont été : Russie (de 500 à 1,000 hect.), Angleterre (2,600 à 5,400 hect.), Indes anglaises (900 à 1,600 hect.), Mexique (900 à 2,500 hect.), États-Unis (1,600 à 1,800 hect. en 1845 et 46, 7,000 à 8,200 hect. en 1847 et 48).

En réunissant les vins en cercles et les vins en bouteilles, on trouve les quantités suivantes, qui forment le total général :

1845	524,535	hectolitres.
1846	400,192	—
1847	520,569	—
1848	548,502	—

C'est, en moyenne, 498,000 hectolitres par an, soit l'équivalent de 54,700 tonneaux.

NOTICE SUR LES VINS DE XÉRÈS.

(Cette notice fait partie d'un travail étendu sur les vins étrangers, travail que nous espérons faire connaître un jour; les détails que nous donnons aujourd'hui sont empruntés à un livre relatif à l'Espagne, récemment publié par M. Ford.)

La qualité du vin de Xérès dépend du choix des cépages et de la nature du sol. Ce dernier a plusieurs fois, comme on peut croire, été soumis à l'analyse d'habiles chimistes. Le terrain qui donne le meilleur produit se nomme l'*Albariza;* c'est un terrain blanchâtre, composé d'argile mêlée de carbonate de chaux et de silex. La seconde espèce de sol s'appelle *Barras;* quartz sablonneux, mêlé de chaux et d'oxyde de fer. La dernière sorte de terrain porte la dénomination d'*Arenas,* et, comme son nom l'indique, ne présente guère que du sable; c'est la portion la plus étendue et celle qui produit le plus, mais les vins qu'elle donne sont grossiers, maigres, sans bouquet; ils ne s'améliorent pas après la troisième année.

On distingue au moins cent espèces de cépages. Le

Listan et la *Palomina blanca* sont les meilleurs. Depuis quelques années, la demande dont les vins de Xérès sont l'objet a déterminé le remplacement de bien des cépages médiocres par des plants mieux choisis, et la qualité s'est ainsi améliorée. Le *Pedro Ximenez*, ce raisin doux et célèbre, primitivement apporté de Madère, fournit l'excellent vin connu sous le nom de *Pajarete:* on laisse les grappes exposées au soleil jusqu'à ce qu'elles soient à peu près sèches; en les écrasant ensuite, on en obtient un sirop auquel on ajoute un peu de vieux vin et d'eau-de-vie. Le *Pajarete* revient fort cher; on l'emploie surtout pour renforcer les vins nouveaux.

Les vignes sont cultivées avec un soin extrême; elles commencent à donner vers la cinquième année, et elles demeurent en rendement continuel durant une période de trente-cinq ans environ; leur produit perd alors en quantité comme en qualité. Le terrain est très-recherché, et souvent se paie des prix énormes; il est fort subdivisé, et sa surface est éparpillée en une foule de mains. Le *Pago de Macharnado,* le plus célèbre de tous les domaines des environs de Xérès, le Château-Lafitte ou le Clos-Vougeot de l'Andalousie, offre une surface de 1,200 *aranzadas* environ (l'*aranzada* équivaut aux deux cinquièmes d'un hectare); 460 appartiennent à la grande maison de Pedro Domecq, et leur produit moyen peut s'évaluer à 1,895 pièces, dont 350 pièces seulement de première qualité. Parmi les *pagos,* ou districts de vignobles, qui sont ensuite le plus en réputation, on peut citer ceux de Carrascal, les Tercios, Barbiona *alta y baja,* Anina, San Julian, Mochiele, Carraola, Cruz del Hosillo, qui se trouvent dans le *termino* ou dans la banlieue de Xérès, et dont les produits arrivent toujours à des prix élevés. Ces pièces de vignes sont entourées de haies épaisses formées d'aloès, dont les pointes aiguës interdisent tout moyen de passage. On redouble de vigilance à l'époque de la récolte, car, selon un sage proverbe, les raisins et les jeunes filles sont difficiles à garder : *Niñas y vinas son mal de guardar.*

Les grappes sont cueillies et placées durant quelques jours sur des nattes ; on trie celles qui ne sont pas mûres et on les expose au soleil plus longtemps, ce qui améliore la liqueur qu'elles donnent. Si le raisin est trop mûr, alors il y a excès de partie sucrée et manque d'acide tartrique. On répand sur les grappes triées de la chaux, afin d'absorber et de corriger ce qu'elles peuvent contenir d'eau et d'acide : cette opération exige une main exercée et habile. Pareils travaux se font habituellement la nuit, afin d'éviter la trop grande chaleur et d'échapper aux guêpes qui tourmenteraient fort des ouvriers à demi nus. La vendange commence vers le 20 septembre et dure une quinzaine de jours ; alors tout est oublié pour cette seule et unique affaire. Les employés de la douane prennent note des quantités récoltées dans chaque district ; ils enregistrent à qui elles sont vendues et où elles sont transportées ; elles ne peuvent ensuite être déplacées sans autorisation et sans payer un droit de 4 pour 100 sur la valeur.

Durant le cours de la première année, de grandes différences se montrent dans les vins nouveaux. Quelques-uns deviennent *bastos* ou grossiers, d'autres tournent à l'aigre, d'autres réussissent bien ; ceux qui joignent une grande délicatesse, du corps et du bouquet s'appellent *finos :* dans un lot de cent pièces, à peine s'en trouve-t-il habituellement plus de dix ou quinze qui méritent cette épithète. Ces variations singulières dans la qualité des vins donnés par le même terrain se produisent tous les ans, sans qu'on soit encore parvenu à leur assigner une raison satisfaisante ; l'analyse chimique est également demeurée impuissante dans ses efforts pour décomposer et imiter les éléments divers qui composent une réussite entière ; elle n'a pu rendre compte de cette sécheresse et de cette qualité qui caractérisent les vins de Montilla, près de Cordoue, vins qui ne sont d'ailleurs pas connus hors de l'Andalousie. Cet *amontillado*, lorsqu'il est le produit pur et franc de la nature, est très-précieux ; il sert à corriger les vins communs de Xérès lorsqu'ils pèchent par excès de douceur, et il est loin d'être commun ; car, sur cent pipes de vin *fino*, c'est tout au plus s'il s'en rencontre cinq où domine l'*amontillado*. On vend à Londres de fortes quantités de vin auquel on donne ce nom, mais il n'y a aucun droit ; c'est un liquide factice, préparé spécialement pour les consommateurs britanniques.

L'art de soigner, d'élever les vins de Xérès est chose difficile ; c'est le résultat d'une étude approfondie et d'une expérience consommée. On nomme *capataz* l'individu qui, dans les grands établissements, est préposé à ces graves fonctions ; c'est d'ordinaire un Asturien, un natif des montagnes de Santander. Il doit s'abstenir de fumer, car l'usage du cigare amortit la délicatesse du palais. L'achat des vins nouveaux nécessaires aux expéditions ne se décide et ne s'opère que par son entremise. On voit qu'un *capataz*, fût-il d'une probité rare, a de fréquentes occasions de faire de bonnes affaires. Il en est qui laissent des fortunes considérables. Juan Sanchez, *capataz* de la maison Pedro

Domecq, la première de Xérès, se trouva posséder, à l'heure de sa mort, 300,000 liv. sterling (près de huit millions de francs). Ayant quelques scrupules sur la façon dont il avait accumulé pareils trésors, il prit le parti de les léguer à des églises, à des couvents, à des hôpitaux et à des établissements de charité. On donne le nom de *bodegas* aux bâtisses destinées à loger les vins; elles sont construites dans des endroits aérés; on en éloigne avec soin toute mauvaise odeur; on en exclut la lumière et la chaleur; on y maintient une température fraîche et toujours égale. Plus de 1,000 *bodegas* sont enregistrées à la douane de Xérès; il en est qui contiennent de 1,000 à 4,000 pièces de vin, et les vins de première qualité doivent y séjourner dix ou douze ans avant d'être expédiés au dehors. Ceci montre quels capitaux exigent semblables spéculations.

Il est nécessaire de laisser vieillir le vin de Xérès; l'âge lui donne la douceur, le corps et le bouquet qui lui manquent dans les premières années. La différence est extraordinaire entre le vin qui est encore jeune et celui qui a vécu l'espace de deux lustres.

Sa couleur est d'un brun foncé; mais le caprice des consommateurs britanniques exige qu'il soit pâle, et c'est aux dépens du bouquet et de la sève que la chimie lui enlève sa couleur avant qu'il ne soit embarqué pour Londres. Un autre préjugé, non moins absurde, recommande de lui faire faire un voyage aux Indes. Ces longues traversées, favorables aux vins de Madère, sont positivement nuisibles aux vins de Xérès; après avoir ainsi couru le monde, ils reviennent troubles et dénués de corps; la fermentation constante à laquelle ils ont été exposés y fait dominer l'alcool.

CÉPAGES DE LA GIRONDE.

Afin de donner une idée de la variété des cépages qui appartiennent à notre département, nous allons donner la liste de ceux qui figurent sur le Catalogue de la belle collection de vignes de toute espèce que MM. Bouchereau frères ont formée sur leur domaine de Carbonnieux.

Petite Vidure.	(Rouge.)	Prunelat.	(Fruits blancs.
Petit Verdot.	—	Verdet.	—
Roumie.	—	Blayais.	—
Grosse Parde.	—	Semilion roux.	—
Petite Parde.	—	Panse musquée.	—
Estrangey.	—	Blanc aüba.	—
Bicane.	—	Enrageat.	—
Cony	—	Bequin.	—
Massoutet.	—	Malvoisie	—
Grosse Vidure.	—	Couetort.	—
Carbouet.	—	Petit Sauvignon.	—
Pied d'ouille.	—	Blanque Hourcude.	—
Amaroy.	—	Chalosse.	—
Pique-poux.	—	Madonne.	—
Craput.	—	Cruchinet.	—
Moustrage doux.	—	Blanc-doux.	—
Girançon.	—	Pulgarie.	—
Provençal	—	Camehort.	—
Chermentey.	—	Cujas.	—
Côte rouge.	—	Muscadet doux.	—
Mercier.	—	Semilion blanc.	—
Martimouche.	—	Lecurieux.	—
Hourcat.	—	Muscadet aigre.	—
Granache.	—	Chasselas.	—
Balouzat de Pireques.	—	Radican.	—
Moustrage aigre.	—	Guespey.	—
Cruchinet rouge.	—	Blanquette.	—
Grand Massoutet.	—	Malaga.	—
Cruchinet bâtard.	—	Cornichon.	—
Enrageat.	—	Magdeleine.	—
Sauvignon.	—	Faux Malaga	—
Faux Merlot.	—	Blanquette blanche.	—
Blayais.	—	Faux Muscadet.	—
Raisin panaché.	—	Persillade.	—
Vidure Sauvignon.	—	Blanc mou.	—
Merlot	—	Larrivet.	(Fruits rouges.

Bigney.	(Fruits rouges.)	Grosse Parde.	(Fruits rouges.)
Balouzat.	—	Cépage de Tou-louse.	(Fruits blancs.)
Grande Parde.	—	Persillade.	—
Cruchinet.	—	Blanquette.	—
Bouton blanc.	—	Petite Chalosse.	—
Came de Perpet.	—	Petit Blayais.	—
Muscat.	—	Grosse Chalosse.	—
Sens de Bourg.	—	Muscat.	—
Clare	—	Chasselas.	—
Sem de Pellé.	—	Malaga.	—
Gros Verdot.	—	Bergerac.	—
Chasselas.	—	Muscat d'Alexandrie.	—
Malaga.	—	Corinthe.	—
Carmenet Sauvignon.	—		
Picard.	—		

Il ne sera pas sans intérêt de joindre à cette énumération celle que nous offre, en ce qui concerne notre département, le Catalogue de la pépinière du Luxembourg :

Almandis noir.

Béquin blanc.

Carbouet des Graves.

    Carmenère du Médoc.

Carmenet du Médoc.

    Vidure des Graves.

Merle d'Espagne (Landes).

Cony rouge.

Cruchinet noir.

Guespey blanc ou Guespié.

La Haïre noire.

Madone.

Malaga blanc.

Mercier ou Larivet rouge, noir.

Merlot ou Bigney rouge.

Muscadet doux, blanc.

    Muscatelle.

    Resimotte.

    Angelicant.

    Faux Muscat blanc (Dordogne).

Muscadet aigre blanc.

    Espar de Vaucluse.

Noir de Pressac (1re variété).

    Parde noire.

    Pied de perdrix (H.-Pyrén.)

    Pied rouge (Gers).

    Côte rouge (Lot).

    Médoc (Ardèche).

    Navariez (Dordogne).

    Co, ou Caux (Indre-et-Loire).

Noir de Pressac (2e variété).

    Balouzat.

    Malbec.

    Jacobin (Vienne).

    Cahors.

Pineau menu, rouge.

Petit Sauvignon blanc.

Semilion blanc.

Vidure Sauvignon des Graves.

    Carbenet Sauvignon du Médoc, noir.

    Riesling (Bas-Rhin).

DOMAINE DE CARBONNIEUX.

Parmi les établissements viticoles qui existent en si grand nombre dans le département de la Gironde, il en est un, celui de Château-Carbonnieux, dont nous avons déjà parlé, qui mérite une attention particulière des personnes qui s'adonnent à la culture des vignes.

Là, en effet, MM. Bouchereau frères, qui en sont propriétaires, se sont livrés depuis longues années à des travaux persévérants ayant pour but le perfectionnement de la culture de la vigne, le choix des meilleurs cépages, et l'art de faire le vin. La plupart de leurs travaux ont été couronnés d'un plein succès; en sorte que le domaine de Carbonnieux peut être considéré aujourd'hui, à juste titre, comme le vignoble *école-modèle* de notre département : établissement précieux, dû au zèle et au désintéressement de deux de nos honorables compatriotes, alors que l'État fait des dépenses considérables pour établir des fermes-écoles dans chaque département, et n'a pu encore en créer une dans la Gironde réunissant toutes les cultures avec celle de la vigne, si intéressante pour nos contrées.

Difficilement ailleurs on eût pu trouver les circonstances favorables qui se rencontrent à Carbonnieux, sous le rapport du local, du sol et de l'exposition, ainsi que de la qualité des vins rouges et blancs qui s'y récoltent, et qui depuis longtemps sont appréciés par le commerce. La collection des vignes qui y est formée est une des plus belles de celles que possède la France, dans le meilleur état et dans l'ordre le plus parfait. Sauf quelques doubles emplois, elle compte près de douze cents variétés, venues de France, d'Italie, de

Turquie, de Hongrie, d'Espagne, de Madère, d'Amérique, etc.

Des expériences sont faites sur la qualité du vin que peuvent produire les principales de ces variétés, et là il est facile d'apprécier la triple influence qu'exercent sur le vin le cépage, le sol et l'exposition. Parmi ces essais, les moins intéressants ne sont pas ceux qui ont lieu sur les vignes sauvages d'Amérique, parfumées et à goût de fruits, qui, sous les mains habiles de MM. Bouchereau, sont venues, des forêts du Nouveau-Monde, où elles ont pris naissance, se soumettre à la taille et à la culture de nos anciens ceps. L'impatience et la gêne qu'elles en éprouvent se manifestent clairement à leur luxuriante végétation.

Les diverses tailles de la vigne, *à col, à artes,* etc., les diverses cultures, *à bras, à la charrue,* etc., sont représentées, à Carbonnieux, sur une vaste échelle ; les cépages y sont plantés par carrés séparés, bien choisis ; en un mot, la culture, comme la vinification, y est pratiquée avec cette entente que donnent le savoir et l'expérience, et qui peut servir de modèle à tous les viticulteurs.

Le département de la Gironde doit s'estimer heureux d'avoir un pareil établissement près de Bordeaux à montrer aux étrangers ; et ces derniers nous sauront gré, nous n'en doutons pas, de le leur indiquer, s'ils désirent emporter de nos contrées l'idée des bonnes cultures et des soins employés à la manière de faire le vin, ainsi qu'à sa conservation dans les celliers (1).

(1) Voir, pour plus de renseignements sur Carbonnieux, l'ouvrage complet de Franck sur les vins, etc., 2ᵉ édit., 1845, 1 vol. in-8°. Prix : 3 fr.

DES AMENDEMENTS ET ENGRAIS
PROPRES A LA VIGNE (1).

La vigne est peut-être, de tous les végétaux qui vivent sous notre climat, celui qui tire de la terre le plus de substance pour sa nourriture ; on peut en juger par l'abondance de la sève qui s'écoule, avant que sa végétation ne soit développée, de toutes les plaies qui lui ont été faites par la taille, surtout si elle est récente.

Cette exposition des besoins de la vigne, de la nécessité de venir au secours du terrain, est tellement claire et juste, que j'ai espéré donner plus de prix à tout ce que j'aurais à dire sur ce sujet, en m'en emparant pour former le début de ce chapitre. C'est M. Lenoir, auteur trop peu connu, qui me l'a fournie. J'ajouterai qu'on peut encore en juger par la considération de l'énorme production annuelle de la vigne en bois, feuilles et fruits, comparée avec celle qui est donnée par tout autre végétal ; et cette autre considération, qu'aucun terrain n'est aussi vivement sollicité, par les nombreux travaux dont il est l'objet, de livrer à la consommation des végétaux qu'il supporte, tous les sucs nour-

(1) Nous empruntons ce travail remarquable de M. le comte Odart à une publication périodique fort intéressante, et qui, malheureusement, a cessé de paraître (*Bulletin de la Société d'Œnologie*, nº 8). Les écrits de l'auteur que nous venons de nommer sont toujours le fruit d'une longue et judicieuse pratique et de recherches patientes ; les pages que présente le *Bulletin* sont un résumé formant une excellente monographie de l'opération la plus importante peut-être de toutes celles qui concourent à la production des vins. On sait, en effet, quels sont, sur bien des points de la France, les abus actuels de la fumure des vignes et les vins déplorables qu'elle enfante quand elle n'est point éclairée.

riciers qu'il contient. Il arrive souvent que la terre d'une vigne qui, d'ailleurs, offre d'autres avantages pour cette culture, est battante, c'est-à-dire que sa surface se prend, se scelle à la moindre pluie, ce qui lui donne l'air d'avoir été battue, la rend difficile à travailler, et la prive de la faculté d'être perméable aux influences bénignes du soleil et de l'atmosphère. Un moyen certain de lui faire perdre ce défaut, est de la couvrir d'une légère couche de tuf ou d'une terre crayeuse, dont quelques parties, sous la forme de pierres, se délitent à une exposition prolongée aux diverses intempéries. Mais une matière aussi commune et d'un effet plus énergique est la marne, d'un si grand usage pour les terres à blé, dans quelques contrées de la France et ailleurs.

La manière la plus avantageuse d'employer ces matières est de faire stratifier celles qu'on aura à sa disposition, avec des couches minces et alternatives de fumier, et de bien les mêler au moment de les répandre sur le sol. Alors, c'est en même temps un amendement et un engrais, qui procurent à la terre une fécondité plus modérée et plus durable. J'hésite à placer la chaux au nombre des simples amendements, quoique les sols de nature à être battus par les pluies, et dans lesquels la chaux ou ses composés entrent bien rarement comme partie élémentaire, reçoivent de son application un principe actif qui les modifie de la manière la plus favorable.

A juger des effets de la chaux mêlée et stratifiée quelque temps avec du fumier ou une terre riche, telle que des curures de mare ou de fosse, par l'abondance et la qualité des produits de la vigne, on peut conclure qu'elle rectifie, qu'elle sanifie, qu'elle rend

complètement salutaire l'influence de ce fumier ou de
cette terre riche, au moyen des nouveaux composés
qu'elle forme par ce mélange, qu'on appelle aussi compost; il est à son plus haut point de perfection quand il
a été préparé au moins trois mois à l'avance, et rema-
nié un mois avant son transport dans la vigne. Alors,
dès la première récolte, on peut remarquer combien
son action a été modérée sur la végétation, qui ne donne
aucun profit direct; combien elle est puissante et énergique pour la production du fruit, qu'elle rend également
ment abondant et de bonne qualité, et dont elle favorise la maturité.

C'est par la considération de cet effet, bien connu
depuis des siècles, de la chaux sur la production du
grain; de cet effet, connu depuis seulement une tren-
taine d'années, pour la production de la graine de trè-
fle dans la Sarthe, que j'ai été amené à l'essayer sur
les arbres fruitiers d'abord, plus tard sur la vigne, et,
dans les deux cas, avec le même succès.

Je me garderai bien d'indiquer des moyens chimiques
pour faire la reconnaissance des terres dépourvues de
principe calcaire; car M. Puvis, auteur aussi recommandable par ses nombreuses expériences sur la chaux
et ses composés que par sa science, et qui mérite toute
confiance par sa sagacité et sa bonne foi, convient lui-
même qu'il a rencontré quelques terrains qui se déli-
taient à la manière des terres calcaires où cet élément
calcaire se trouvait en assez grande proportion, et qui,
cependant, ne faisaient pas effervescence avec les acides. Nous dirons seulement que les terres qui en reçoivent l'amélioration la plus évidente, celles dont la
marne calcaire et la chaux changent, en quelque sorte,

la nature par l'ameublissement que l'une ou l'autre leur procure, sont les terres battantes, soit argileuses, soit siliceuses; car il y autant de sables froids et durs que de terres argileuses frappées de ces défauts.

Des indices plus sûrs et plus faciles à saisir que ceux fournis par la chimie, ressortiront de la nature des plantes qui croissent spontanément sur le terrain qu'on veut explorer. Les observations de l'auteur recommandable que je viens de nommer, étant parfaitement conformes aux miennes, obtiendront plus d'autorité présentées avec sa rédaction, à laquelle j'ai fait subir de très-légers changements.

Tous les sols sur lesquels la fougère, le petit ajonc, la bruyère, les petits curex blancs, le lichen blanchâtre viennent spontanément (ce qu'il est facile d'expérimenter par la conversion du sol en prairie artificielle de quelques années); tous les sols infestés d'avoine à chapelet, d'*agrostis decumbens*, vulgairement *écermes* dans mon canton, mais surtout de petite oseille rouge, de petite matricaire, et de muflier jaune ou linaire, ne contiennent pas le principe calcaire, et les différentes sortes d'amendements calcaires leur procurent tous les avantages, toutes les propriétés des terrains pourvus de ce principe dans une juste proportion.

Ce n'est pas une découverte nouvelle, puisque Pline nous apprend que l'application de la chaux à la culture était en usage pour les vignes, pour les oliviers et pour les cerisiers, qu'elle rendait plus précoces. Cette dernière propriété de la chaux m'a été confirmée par la remarque que j'ai eu occasion de faire de la faculté acquise par cet amendement à une variété de raisins venus de Corse, où elle est connue sous le nom de

Brustians, de parvenir à sa maturité, état normal que tout fruit de la vigne doit atteindre pour que le cépage qui le produit mérite d'être conservé.

Je n'ai encore parlé que des amendements convenables aux terres battantes, soit siliceuses, soit argileuses, parce que ce sont les plus rebelles à la culture et à la maturation du raisin ; aussi, pour cette dernière raison, les appelle-t-on terres froides. Toutes celles que je connais de cette espèce sont dépourvues d'éléments calcaires, au moins à l'œil de l'observateur ; mais dans celles que, par opposition à celles-ci, on appelle terres chaudes, c'est-à-dire celles où le cercle de la végétation annuelle est plus rapidement parcouru , d'autres amendements seront mieux appropriés. Si la partie dominante de la couche superficielle est de l'argile, l'apport sur ce terrain d'une terre sableuse, mieux encore de gros sable, et même de gravier, sera d'un grand effet, surtout quand celle de ces matières dont on aura à disposer aura passé par la préparation que nous avons indiquée. Cette préparation est essentielle, car c'est au moyen des soins et de l'intérêt qu'on prendra à l'observation de cette excellente pratique, que le fumier communiquera à la matière apportée toute sa faculté de fécondation, et que celle-ci détruira dans l'autre toute son influence détériorante de la qualité.

M. Puvis attribue l'efficacité de ce mélange de terre siliceuse à un terrain argileux, à la formation de nombreux silicates éclos sous l'œil scrutateur du chimiste. Heureusement que les cultivateurs n'ont pas attendu cette heureuse découverte pour reconnaître l'excellence de ce procédé, d'améliorer une terre par son mélange avec une autre de nature différente ; car

il en est de même de l'application de l'argile avec la
préparation déjà décrite, sur un terrain dont la couche
labourable est sableuse, surtout si elle est superposée
à une couche secondaire de tuf, craie ou autre combi-
naison calcaire. Malgré la petite quantité de terre apportée, qui ne devra cependant pas être moindre de
deux hectolitres et demi par are, proportionnellement
à la masse du terrain qui en recevra le bénéfice, on
sera étonné du bon effet de cette opération et de sa
longue durée.

Le célèbre Thaër explique ce dernier effet par la faculté qu'a l'argile d'absorber de l'hydrogène, de l'oxi-
gène et de l'azote. Je ne me permettrai pas plus qu'aucun autre vigneron de contester cette explication, car
je respecte également ces deux grandes autorités ; mais
à quoi nous servira cette nouvelle clarté dans la route
que nous suivrons ? Il vaut mieux nous consoler du vide
qu'elle laisse au cœur et à l'esprit, en attribuant à la
Providence la volonté de récompenser le cultivateur
laborieux et intelligent de ses soins et de ses peines.
Les effets admirables de ces diverses matières, surtout
du compost de chaux, sont connus ; les exemples sont
donnés, profitons-en. Mais reconnaissons en même
temps que ce sont des mystères impénétrables ; car
comment concevoir qu'un terrain auquel on ajoute une
si petite partie d'une matière dont la trop forte proportion en rend tant d'autres stériles, non seulement de-
vienne d'une fécondité soutenue, mais soit rendu même
plus meuble, plus facile à travailler ; en un mot, qu'il
acquière les caractères des bons sols calcaires, si émi-
nemment propres à la culture de la vigne et à la qualité
de ses produits ? J'ai fait usage des amendements cal-

caires sous plusieurs formes : compost de chaux, de marne, de cendres de four à chaux et de décombres provenant de vieux murs où il était entré un peu de chaux. C'est sous les deux premières que j'en ai obtenu le plus de succès.

Un autre engrais-amendement qui convient particulièrement aux jeunes vignes, est l'enfouissement des végétaux ligneux, parmi lesquels ceux qui gardent leurs feuilles doivent être préférés ; il est connu depuis longtemps, car Olivier de Serres, le père de l'agriculture française, l'a recommandé particulièrement pour les vignes.

L'emploi de la bruyère et de l'ajonc pour cet usage est connu dans nos départements du centre ; mais il pourrait l'être bien davantage en ne s'en tenant pas à ces arbustes. On les laisse ordinairement quelque temps dans les chemins, où ils sont pilés et brisés par les charrettes et les bestiaux. Dans le midi, les vignerons de la rive droite du Rhône ne se servent guère que du roseau commun des marais d'Arles (*arundo phragmites*), pour entretenir leurs vignes en bon état. Voici comment ils l'emploient : Ils creusent des fossés à une profondeur telle, que la charrue ne puisse y atteindre, et ils y étendent une couche de roseau d'environ un double décimètre, qui se réduit à la moitié quelque temps après avoir été recouverte de terre. Le vigneron dispose ses fossés de manière à opérer l'engraissement total de sa vigne en dix ans ; car on a observé que ce végétal mettait ce temps à se consommer, du moins que son effet se faisait ressentir pendant cette longue période. On a remarqué aussi que, malgré son efficacité, il n'altérait nullement la qualité du vin. On en cite pour exemple les vins de Saint-Georges, justement renommés par leur délicatesse.

Un habile cultivateur du département du Var, M. Laure, s'est servi avec le même succès de branches de ciste, arbuste très-commun dans les friches voisines de son habitation; et, ainsi qu'on le pratique pour la bruyère et l'ajonc, il attend, pour en faire usage, qu'elles aient été pilées par les bestiaux et les charrettes, soit dans une cour, soit dans des chemins très-fréquentés. En Italie, M. Ramello est le seul dont la méthode d'engraisser la vigne ait reçu des ultramontains un accueil favorable. Les sarments retranchés à la taille, c'est-à-dire ce que nous appelons javelles, sont l'engrais dont se servait cet agronome. On conçoit facilement que cette substance, par sa décomposition lente, fournira tous les principes propres à nourrir la vigne possédant tous les éléments constitutifs de cette plante.

M. Cavoleau nous apprend qu'on se sert, dans la Vendée, de fagots de tonture de haie, de genêts, etc. Cet auteur judicieux reconnaît le mérite de cette pratique et en recommande l'usage.

J'ai employé avec un grand succès les branches de genevrier, les élagures de jeunes pins, et même de simples bourrées d'épines noires de bourdaine, d'églantier et de ronces, que j'avais soin de faire enfouir le plus promptement possible après leur séparation de leur souche ou de leur tige.

C'est particulièrement dans les jeunes vignes que cette sorte d'engrais est plus facilement applicable, soit pour la plantation, soit vers la troisième ou quatrième année, lors de l'ouverture de nouvelles tranchées ou fossés, pour le couchage des provins. En donnant à ces tranchées la profondeur qui me semble la plus convenable, de douze à quinze pouces, on les remplira à moitié d'une couche de celui de ces végétaux le plus facile à se procurer, et on la recouvrira d'un lit de terre de trois à quatre pouces, sur lequel on couchera les sarments de provins.

On conçoit que si les varechs dont se servent les vignerons des bords de l'Océan, et qui ont pendant leur décomposition une odeur forte et nauséabonde ; que si les immondices et les boues infectes de la capitale dont se servent immodérément les vignerons de ses environs, communiquent au vin un goût insupportable ; la grande bruyère, les branches de pin, et surtout celles de genevrier, ne peuvent être qu'avantageuses à la vigne, en se mêlant lentement à la terre, en l'échauffant par une douce fermentation, la divisant et lui fournissant de nouveaux sucs, sans aucun préjudice pour la qualité du fruit, auquel chacun de ces végétaux n'envoie qu'un arome balsamique qui se dégage par ses parties les plus subtiles à travers la terre, ou s'insinue dans la vigne par ses racines, et en imprègne sa sève.

Ce moyen d'approvisionnement durable pour la vigne est d'accord avec l'expérience de tous les temps et de tous les pays, et on aurait lieu d'être surpris qu'il ne fût pas plus en usage ; car les anciens, comme les modernes, ont reconnu l'efficacité des végétaux enfouis pour revivifier une terre usée, et on remarque la facilité avec laquelle les raisins s'imprégnaient des diverses odeurs mises à leur portée.

Quant aux engrais animaux ordinaires ou fumiers, un propriétaire soigneux de la qualité de son vin aura toujours l'attention de les faire stratifier par couches minces avec de la terre pendant quelques mois, et d'en faire opérer le mélange avant d'en faire usage.

Malgré mon respect pour Olivier de Serres, j'ai quelque peine à déférer à sa recommandation en faveur de la colombine et de la paulinée, fumier de pigeons et de volailles, car je ne pense pas qu'ils puissent être employés, seuls, sans influence sur la qualité du vin. Le dernier surtout a une odeur forte et infecte, ainsi que l'est ordinairement le fumier de tous les omnivores.

Mais je ne peux trop recommander la râpure de corne, assez abondante dans les villes pour être un objet d'exportation ; elle est d'un facile transport et d'une longue durée.

Quant aux nouveaux engrais tant vantés pour cette sorte de culture, et nommés l'un noir animal, résidu de la défécation du suc de betteraves, et l'autre noir animalisé, produit spécial de quelques fabriques aux environs de Paris, on fera bien de les essayer si on est à portée de s'en procurer facilement ; mais n'ayant connaissance d'aucune expérience qui puisse m'éclairer sur leur mérite, je m'en tiens à les mentionner. Je leur préférerais la chaux animalisée à la manière des Manceaux ; sa composition est facile et salutaire, et mérite d'être encouragée, puisqu'elle crée un engrais puissant avec une matière souvent perdue par la répugnance à s'en servir, dont son infection est la cause.

Le comte Odart.

QUELQUES MOTS

AU SUJET D'UN POÈME SUR LES VINS DE LA GIRONDE.

M. Biarnès, dont nous avons (page 260) reproduit les vers pleins de verve sur les vins blancs, a complété son ouvrage par la description des vins de Médoc. Le charmant volume qu'il a publié sous le titre : *Les grands Vins de Bordeaux,* se trouve certainement entre les mains de tout véritable appréciateur de nos vins ; néanmoins nous ne pouvons résister au désir de lui emprunter quelques citations pour caractériser, avec plus de justesse et de grâce que nous ne sommes capables de le faire, les produits si variés de nos vignobles. Nous profitons de l'occasion pour y joindre d'utiles avertissements, que nous n'aurions peut-être pas hasardés de notre seule autorité.

Notre poète, à l'aspect de Château-Margaux, s'écrie :

« Voilà l'un des trois rois, l'un des trois dieux du monde! »

et plus loin :

« . . . . . Auprès de lui, ses deux rivaux pâlissent.
» Idole des gourmets, c'est le plus grand des trois;
» Il est seul sur son trône, il est le roi des rois. »

Nous renvoyons au volume lui-même ceux qui voudront relire le trait spirituel lancé contre le propriétaire du château, pour avoir dérogé aux habitudes hospitalières qui sont le plus bel apanage d'une royauté !

Rauzan, second crû à Margaux, est cité :

« . . . . . Il n'est pas de vin plus vif, plus savoureux,
» Plus élégant, plus fin, plus pur, plus généreux. . . . . .
» C'est un prince du sang, presque l'égal d'un roi. »

« *Durfort* prétend aussi, dans son orgueil extrême,
» Porter d'un second crû le pompeux diadème.
. . . .
» Mais plus un nom est grand, et plus il nous oblige.
» . . . . Même une riche nature
» Ne sourit qu'au travail d'une sage culture.
» Aussi du vieux Durfort l'éclat a disparu. »

Notre auteur porte un jugement plus sévère encore sur un autre crû de Margaux qui,

« Noyé de vin commun et souvent mêlé d'eau,
» . . . Ira figurer auprès du fricandeau. »

Il célèbre ensuite les quatrièmes crûs de **Margaux** : Palmer, déchu pendant quelque temps, mais dont

« . . . . nous reverrons briller l'ancienne étoile ;
» Et **Becker**, dont le sol, maintenant si réduit,
» Donne un si délicat, mais si faible produit ;
» L'élégant Desmirail, dont la trame serrée
» Laisse échapper le feu d'une liqueur ambrée ;
» De Terme ou Mac-Daniel, et Dubignon Talbot,
» Et l'autre Dubignon, Ferrière et Malescot :
» Tous noblement classés au rang des quatrièmes,
» Souvent plus parfumés que les meilleurs troisièmes. »

En quittant Margaux, nous trouvons Lanessan, dont le propriétaire paie le plaisir de voir nommer son crû par quelques traits dirigés contre sa parcimonie ; puis Beychevelle, dont

« Le vin d'un quatrième a l'éclat et le rang. »

Cette propriété est citée comme

« Des châteaux du Médoc la gloire et le modèle. »

« . . . . Duluc est un peu lourd ;
» Il est au même rang, mais d'un parfum plus court ;
» Un léger goût de sel à son sucre se mêle,
» Et, faisant ressortir la chaleur qu'il recèle,
» Lui donne ce moelleux, ce tendre velouté, » etc.

« . . Ducru-Bergeron, qui veut, dans son audace.
» Usurper d'un second la glorieuse place. »

L'auteur convient

« Que, mêlé d'Hermitage, il a toujours su plaire,
» A l'égal des seconds, au gourmet insulaire (aux Anglais).
» Mais il manque de grâce et de légèreté ;
» Il n'a pas d'un pur sang l'éclat et l'unité. »

Il indique la cause :

« . . Ce n'est pas assez d'un peu de noble terre ;
» Tout le sol doit avoir le même caractère. »

Nous regrettons de ne pouvoir citer l'ingénieux récit relatif aux vins de Saint-Pierre, qui

« . . . . sont de quatrième classe ,
» Et même un fin gourmet au troisième les place. »

Nous voici à Gruau-Larose :

« Nul n'est plus élégant, gracieux, velouté ;
. . . .
» Si dans son noble sang parfois il se décèle
» D'un sang un peu commun la légère parcelle.
. . . .
» On ne peut lui ravir le titre de second. »

Cabarrus-Lagrange, d'abord quatrième, est devenu la propriété d'un ancien ministre (M. Duchâtel) et montera peut-être à un rang plus élevé.

D'Aux-Talbot, autre quatrième, réveille chez l'auteur des souvenirs de jeunesse, et il s'écrie avec enthousiasme :

« C'est le nectar chéri des amants et des belles ;
» Son tendre velouté séduit les plus rebelles. »

Le château de Langoa est vanté comme

« . . . . . le vin le plus franc et le mieux entendu, »

et dont la valeur est rehaussée par le séduisant confortable de cette propriété.

La commune de Saint-Julien possède encore les crûs Léoville, Barton, Lascazes et Poiféré :

> « Des grands vins du Médoc c'est la grâce idéale ;
> » Le parfum le plus doux, de son sucre s'exhale.
> » Assemblage parfait de sève, de chaleur,
> » En lui tout est royal. »

Et le poète voudrait qu'on l'eût placé dans les premiers crûs. Selon lui, entre les trois Léoville,

> « Le divin Poiféré . . . est le plus grand de tous. »

Nous sommes à St-Lambert, qui abrite sous de modestes apparences

> « . . . . . d'un grand roi la glorieuse tête. . . .
> » A ce sol élevé, caillouteux, on devine
> » Une grandeur royale, une essence divine.
> . . . .
> » Latour n'a pas besoin d'un éclat emprunté. »

Mais, chose fâcheuse, vendu à une seule maison, le vin de Latour ne sera désormais livré au public que mêlé d'Hermitage. Ce procédé excite l'indignation du poète, et lui fait maudire le courtier qui a conclu un tel marché ; il

> « Demande sans pitié que l'auteur soit pendu. »

En face de Latour se trouve un second crû qui est décrit en ces vers :

> « . . . . Dans tout son être
> » Il a l'étincelant éclat d'un petit maître ;
> » Et quoiqu'il soit léger, coquet et sémillant,
> » Son esprit est solide autant qu'il est brillant.
> » Ce n'est pas tout à fait Rauzan, ni Léoville,
> » Mais c'est lui-même, c'est Pichon de Longueville. »

Pour prouver les qualités bienfaisantes de ce vin,
l'auteur cite

« . . . . Le teint frais du vieux propriétaire :
» Quatre-vingt-dix hivers ont passé sur son front. »

Arrivé à Pauillac, notre poète trouve de nouvelles
expressions pour peindre les produits de ces riches
vignobles.

Ce sont d'abord les cinquièmes crûs :

« Là-haut, voilà Pontet, le premier de sa classe ;
» Ici les deux grands Puits, et Lacoste, et Ducasse :
» L'un, quand il est bien pur, élégant, savoureux ;
» L'autre plus coloré, plus plein, plus généreux.
» Darmaillac, Lynch-Moussas, et le ferme Jurine ;
» Batailley, mince, fin, imprégné d'œnantine. »

N'oublions pas le sol de Milon,

« Où Duroc et Duhart, chacun d'eux quatrième,
» Puisent leur onctueux et leur saveur extrême. »

Dans Pauillac brille encore :

« . . . . . Un sceptre impérial (Château-Laffitte)
» . . . . qui aspire
» A soumettre le monde aux lois de son empire. »

Mais qu'il prenne garde qu'en abusant de la puis-
sance de sa renommée, le sceptre ne s'échappe de ses
mains ; car

« . . . . L'équité des lois,
» Seule, peut aujourd'hui consolider les rois. »

Nous nous abstenons de reproduire ici les sévères
avertissements adressés à ce monarque, et nous préfé-
rons transcrire les éloges décernés à son voisin
Mouton,

« Qui est aussi brillant et plus brillant peut-être ;

» Et quand de son voisin le vieil éclat pâlit,
» Le sien, plus lumineux, chaque jour s'ennoblit. »

Il nous reste Saint-Estèphe et ses

« . . . . trois crûs de noble race :
» Côs-d'Estournel, d'abord, prétend marcher l'égal
» De nos meilleurs seconds, quoiqu'il soit difficile
» Qu'il égale Rauzan, Mouton et Léoville.
» On peut, après ceux-ci, le mettre au second rang.
» Calon-Segur, d'abord, sous un propriétaire,
» Est honoré longtemps comme un grand dignitaire ;
» A peine de son maître est-il abandonné,
» Qu'au-dessous d'un troisième il descend condamné.
» Mais cette main va faire une métamorphose :
» Elle exploite un terrain qui deviendra Montrose,
» Et Montrose aujourd'hui, savoureux, délicat,
» A presque des seconds la finesse et l'éclat. »

Pour compléter notre extrait, nous citerons encore :

« Carnet que Saint-Laurent est fier de présenter,
» . . . . qu'une sève étrangère
» Un peu fauve, mais vive, abondante, légère.
» Au milieu de ses pairs a caractérisé. »

Devez-Camensac,

« . . . qui d'un cinquième a déjà tout le lustre. »

Et n'oublions pas les communes de Labarde et Can-
tenac. Dans la première, Giscous

« Jadis avait le rang d'un quatrième crû. »

Agrandi par de nouvelles plantations, il ne lui sera
peut-être pas permis de garder ce rang.

Château-Kirwan :

« Des troisièmes c'est là le premier, le plus grand ; . . . ,
» C'est un velours liquide, un sucre parfumé. »

Chavaille ou Pouget, qui n'a pas le grand nom de
château, mais dont

« Le vin, toujours pur, chaleureux, délicat.
» Jette au rang de Kirwan presque le même éclat. »

Le Prieuré est encore cité comme quatrième, et, après lui, le château d'Issan, troisième :

« Son vin est onctueux, d'une saveur extrême :
» Il réjouit notre œil par sa vive couleur,
» Et flatte l'odorat, comme une douce fleur. »

Nous bornons là nos citations, en engageant vivement nos lecteurs à parcourir eux-mêmes l'excellent ouvrage auquel nous les avons empruntées. C'est une lecture aussi instructive qu'intéressante. La parfaite compétence de l'auteur ne peut être mise en doute, et il a, de plus, su joindre à la grâce de l'expression le charme de la pensée et un jugement aussi fin qu'impartial et sûr.

DESCRIPTION

DES PRINCIPALES ESPÈCES DE VIGNES ET DE RAISINS CULTIVÉES
DANS LE VIGNOBLE DE TOKAI (1).

On remarque particulièrement dans les vignobles de Tokai, en Hongrie :

1° Le *Furmint* (le vrai raisin de Tokai, blanc-jaune) ;

2° Le *Hacs-Levelü* (à fleurs de tilleul et odeur de sureau, petits grains) ;

3° Le *Bafrut* (grain jaune, long, transparent dans la maturité) ;

(1) Nous nous conformons au désir exprimé par quelques amateurs, en plaçant ici ces détails sur un vin célèbre, dont on parle souvent, et dont bien peu de personnes en France ont eu la satisfaction de faire la connaissance *personnelle*.

4° Le *Muskoli* (muscat blanc ordinaire);

5° Le *Feher-Szôllo* (très-blanc, relâchant quand on le mange).

Le Furmint est le plus estimé parmi ces différents raisins; il y a même des vignobles, sur la côte de Tokai, où on n'en cultive et souffre pas d'autre. On a d'abord cru que ce raisin était originaire d'Italie, mais il est positif qu'il appartient à la famille dite *raisin Mosler,* qui est répandue dans toutes les provinces autrichiennes, et surtout dans tous les vignobles de la Hongrie, sous diverses dénominations. A Schomlau, on l'appelle *Szigethy* (raisin de l'île); à Rust et à Oldenbourg, le *Dentelé*; en Styrie, le *Mosler*, etc.

La feuille du Furmint est trilobée, aussi large que longue. La surface est vert foncé ou vert clair, selon le terrain; le dessous est velu, de sorte qu'on en remarque à peine les nervures. La feuille est presque recourbée vers son pédicule. Les veines du bois sont larges, et, à l'époque de la maturité, l'écorce est d'un brun jaunâtre. Le raisin lui-même est assez gros, et les grains ou baies changent de forme et de dimension selon la nature du terrain : à Tokai, ces grains sont ronds; à Rust, ils sont longs. Les grains ne sont jamais serrés, ce qui favorise la maturité, qui a lieu en octobre. La plante soutient bien les froids de l'hiver, et souffre des gelées du printemps. Le Furmint dégénère facilement, mais le provignage le ramène à ses forme et aspect primitifs.

C'est le Furmint qui peuple essentiellement les vignobles de Tokai, et qui constitue la qualité spéciale du célèbre vin de ce canton. Cependant on y trouve fréquemment le Feher-Szôllo (raisin blanc), parce qu'on a besoin de son suc verdâtre, qu'on mêle au jus du Furmint pour obtenir la première qualité liquoreuse (*ansbruch-choix*) du choix de Tokai.

Le Furmint donne au vin de Tokai son bouquet spécial, mais il le doit surtout au terroir ; car, planté en d'autres contrées, son produit n'est plus le vin de Tokai, et n'a aucune ressemblance avec cette précieuse liqueur.

Il n'y. a ni raisins rouges ni raisins bleu-noir dans les vignobles du Tokai ; on n'y plante que des raisins blancs. Les propriétaires n'y cultivent de raisins rouges ou bleus que pour les manger dans leur état naturel (1).

EXAMEN ANALYTIQUE

DES BOIS DE CHÊNE EMPLOYÉS DANS LA TONNELLERIE, ET DE LEUR ACTION SUR LES VINS ET ALCOOLS,

Par M. Fauré, pharmacien, membre de l'Académie des sciences, belles-lettres et arts de Bordeaux.

L'accueil bienveillant fait à l'analyse comparée des vins de la Gironde m'encourage à compléter ce travail en y joignant quelques études sur les bois de chêne, vulgairement connus sous le nom de *merrains*.

Les personnes qui s'occupent du commerce des vins ont cru remarquer que les barriques neuves ont sur la couleur, la saveur et le velouté des vins qu'on y renferme, une action favorable

---

(1) Un ouvrage allemand, très-estimé, donne les détails les plus étendus sur la culture des vignes et les procédés de la vinification dans toute la monarchie autrichienne. Son titre est : *Culture de la vigne dans la monarchie autrichienne* (*Der Weinbau der OEstereichen Kaiserthums in seinem ganzen umfang*), par François Schams, membre de plusieurs sociétés savantes ; 1835, 5 volumes. imprimés à Pesth, et se trouvant à Vienne et à Leipsig.

ou nuisible, suivant le lieu de provenance des bois dont elles sont construites.

Ce fait, digne d'intéresser l'industrie vinicole tout entière, et principalement les localités qui fournissent les vins les plus suaves et les plus délicats, m'a engagé à entreprendre une série d'expériences comparatives pour reconnaître la nature des principes solubles que le bois de chêne peut céder aux vins et aux spiritueux, et la quantité relative qu'en contiennent les diverses espèces de bois employées dans la tonnellerie.

L'analyse du bois de chêne a dû être faite par plusieurs chimistes, et cependant je ne l'ai trouvée consignée nulle part ; quelques auteurs parlent, il est vrai, de l'écorce de chêne, qui seule paraît avoir été l'objet de leur attention, en raison de la richesse de son principe astringent et de l'application qu'on en fait au tannage des peaux ; d'autres ont minutieusement analysé la galle de chêne, dont le principe actif a été isolé et est devenu un agent précieux pour la thérapeutique ; mais personne ne paraît avoir dirigé ses recherches vers le but que je me suis proposé, la constitution des bois de chêne et l'action qu'ils exercent sur les vins et les spiritueux. Sous ce rapport, ce travail présentera, je l'espère, quelques faits dignes d'intérêt.

On donne le nom de *merrain* à des fragments de bois de chêne coupés, refendus, et disposés de manière à pouvoir servir à la fabrication des barriques. Il existe une grande variété de bois de merrains quant à la forme, l'épaisseur et la provenance ; on peut, sous ce dernier rapport, les diviser en quatre grandes séries, qui se subdivisent ensuite en plusieur sortes.

La première série comprend les bois du Nord, dits *merrains* de Dantzig, de Lubeck, de Riga, de Mémel, de Stettin (1).

(1) Une observation relative aux bois du Nord peut trouver ici sa place.

Il y a sur la place de Dantzig deux espèces de chêne qu'on expédie en poutres, planches et merrains :

1° Chêne de Volhynie, bois dur, fin et serré, très-estimé dans la construction navale.

Les merrains de cette provenance se paient plus cher ; ce sont des bois des mêmes dimensions que ceux de Mémel, et l'on assure qu'ils ont la même origine.

2° Chêne de Vistule ou de Galicie, bois lisse, moins dur. Les merrains de

La deuxième série est formée des bois d'Amérique , où se trouvent confondus les merrains de New-York, de Philadelphie, de Baltimore, de Boston et de la Nouvelle-Orléans.

La troisième série renferme, sous le nom de *bois de Bosnie*, tous les bois de merrains venant par la mer Adriatique.

Enfin, la quatrième série se compose des bois dits *de pays*, où se trouvent réunis les bois qu'apporte la Dordogne et ceux de l'Angoumois et du Bayonnais.

Pour arriver à des conclusions qui présentassent les garanties d'exactitude nécessaires, je me suis procuré des échantillons de tous les bois employés dans le département à ce genre de construction ; et afin de tenir compte des différences que peuvent présenter les bois d'une même localité, soit à cause de la nature du sol, soit en raison des circonstances qui se sont produites depuis leur abattage , j'ai porté mes investigations sur trois échantillons de chacun de ces bois récoltés à des époques différentes ; puis j'ai pris pour résultat la moyenne des produits obtenus dans les trois opérations.

Je dois à l'obligeance d'honorables négociants les renseignements et les échantillons qui m'étaient indispensables pour donner à ce travail l'extension qu'il comportait. Qu'ils trouvent ici l'expression de ma gratitude !

Les échantillons de merrains, exactement numérotés, ont été pulvérisés isolément et renfermés dans des flacons destinés à abriter ces poudres contre l'action de l'air et de l'humidité.

Il n'était pas sans importance d'adopter pour ce genre de recherches un *modus operandi* qui permît de recueillir tous les principes contenus dans ces bois, de manière à constater le degré d'action que chaque dissolvant exerce sur eux. Dans ce but j'ai traité directement chaque espèce de bois par l'éther, par l'alcool et par l'eau distillée, au lieu de faire succéder ces dissolvants

cette provenance sont travaillés à l'instar de Stettin , c'est-à-dire presque tous en longueur de barrique, mais ils sont moins réguliers en largeur et épaisseur.

Une grande partie de ces bois sont *flottés*, c'est-à-dire apportés à Dantzig sur des radeaux de poutres , ce qui leur donne une couleur noirâtre. L'on assure que la majeure partie des bois de Stettin sont de la même provenance, c'est-à-dire de la Gallicie.

sur les mêmes échantillons de bois, comme cela se pratique d'ordinaire dans les analyses végétales.

Les résultats partiels de ce minutieux travail présentent des différences si tranchées, ses résultats d'ensemble donnent lieu à des observations si importantes sur la constitution élémentaire des bois, qu'ils m'ont mis à même de pouvoir indiquer avec exactitude l'essence de chêne appropriée à chaque espèce de vin ; de telle sorte que, loin de trouver dans la barrique des éléments qui le dénaturent, le vin, convenablement logé, y puise des principes propres à l'améliorer ou à en faire ressortir les qualités.

Chacun de ces bois, pulvérisés et conservés comme je l'ai dit, a été traité successivement par l'éther, l'alcool et l'eau distillée.

1er *véhicule.* — Cent grammes de chaque merrain pulvérisé ont été soumis isolément à l'action de l'éther dans un appareil à déplacement, à une température de 25 degrés centigrades, jusqu'à ce que ce liquide ne leur enlevât plus rien. Les liqueurs éthérées provenant du traitement de chaque bois ont été placées dans des cornues en verre convenablement disposées, puis distillées à une très-douce chaleur pour en retirer les 4/5es du liquide. Les liqueurs restées dans les cornues ont été versées dans des capsules en porcelaine ayant chacune un numéro, puis évaporées à siccité ; les résidus ont été exactement pesés.

Tous les résidus éthérés paraissent être de même nature ; ils diffèrent seulement par la quantité des composants. Ils ont tous une couleur jaune serin plus ou moins foncée ; la matière qui les compose est de deux sortes : l'une soluble dans l'éther et insoluble dans l'alcool froid, l'autre soluble à froid dans ces deux menstrues.

La matière insoluble dans l'alcool froid est de couleur blanche, elle est sans saveur ni odeur appréciables ; elle se fond au feu, tache le papier comme le font les corps gras ; enfin, elle a tous les caractères de la matière grasse contenue dans l'écorce de chêne et désignée sous le nom de *cérine.* L'autre matière extraite par l'éther, et qui est soluble à froid dans l'alcool et dans l'éther, a une couleur ambrée, la chaleur la ramollit sans la fluidifier ; mise sur les charbons ardents, elle se boursoufle et brûle en répandant de la fumée ; elle a une odeur balsamique particulière et une saveur qui rappelle celle du bois de merrain.

L'acide azotique la dissout et la colore en rouge violet ; les alcalis la dissolvent aussi et la colorent en jaune foncé ; la saturation de l'alcali par un acide la précipite sous forme de poudre blanche qui, en se desséchant, reprend sa couleur ambrée primitive. Je regarde cette substance comme une résine particulière à laquelle je donne par dérivation le nom de *quercine*.

La solubilité de la quercine dans les liqueurs spiritueuses me fait penser qu'elle n'est pas sans action sur la saveur que les vins et les alcools peuvent acquérir dans la barrique.

La quercine extraite par l'éther est toujours accompagnée d'une petite quantité de matière colorante, d'acide gallique et de tanin, dont je parlerai plus tard ; je me borne à signaler la *cérine* et la *quercine* comme les deux principes enlevés au bois de merrain par l'éther. (Voir le tableau nᵒ 1 pour les quantités.)

2ᵉ *véhicule*. — Cent autres grammes de chaque bois de merrain en poudre ont été traités isolément par l'alcool, jusqu'à ce que ce véhicule fût sans action sur eux. Les liqueurs alcooliques ont été ensuite distillées jusqu'au 4/5ᵉ, et le résidu de chaque opération placé dans des capsules, suivant le mode précédemment employé et avec la même exactitude. Les résidus évaporés à consistance d'extrait sec ont tous été pesés et leurs poids notés.

Chacun de ces résidus alcooliques a été plus tard délayé dans des quantités égales d'eau distillée, une grande partie s'y est dissoute ; filtrés, les solutums présentaient tous dans leur couleur des nuances diverses ; les parties insolubles restées sur les filtres ont été séparées et conservées isolément pour être examinées plus tard : je les avais pesées et désignées A.

Ces mêmes solutums *filtrés* ont été décomposés par une solution de gélatine versée avec beaucoup de soin en quantité suffisante pour précipiter tout le tanin ; ces précipités, jetés sur des filtres, puis lavés et séchés, ont été exactement pesés et notés.

Les liqueurs d'où le tanin avait été séparé, et dans lesquelles la solution de gélatine ne produisait plus d'effet, précipitaient encore en noir les persels de fer ; attribuant cet effet à la présence de l'acide gallique, j'ajoutai dans chacune de ces liqueurs un gramme de magnésie calcinée : après vingt-quatre heures de contact et une agitation fréquente, je filtrai de nouveau pour séparer la magnésie ; ces liqueurs furent dès-lors sans action sur les sels de fer ; les précipités magnésiens furent lavés, puis séchés à l'étuve et pesés ; la différence qu'ils présentaient dans leur poids fut exactement notée.

Les liqueurs séparées des précipités magnésiens avaient une couleur citrine, qui se rapprochait de la couleur jaune observée dans les solutions éthérées ; je versai dans chacune de ces liqueurs du sous-acétate de plomb, jusqu'à ce que la matière colorante fût entièrement précipitée, puis les liqueurs furent filtrées, elles passèrent incolores, les précipités furent lavés et décomposés par quelques gouttes d'acide sulfurique faible ; repris ensuite par de l'alcool bouillant, celui-ci se colora en jaune, et son évaporation laissa pour résidu une matière colorante citrine, la même sans doute que celle que fournit le *quercus tinctoria* et à laquelle je conserve le même nom de *quercitrin ;* elle fut séchée à l'étuve et exactement pesée.

Repris par l'alcool pur, les précipités **A**, restés sur les filtres dès les premières solutions aqueuses, se sont dissous en grande partie, en lui communiquant une couleur ambrée et une saveur qui rappelle celle du merrain ; l'alcool évaporé laisse pour résidu une matière résineuse d'odeur balsamique, soluble dans l'éther, ayant tous les caractères de la *quercine ;* le poids en a été noté.

En résumant les divers produits enlevés par l'alcool aux bois de merrain, nous trouvons qu'ils sont de quatre espèces : le *tanin*, l'*acide gallique*, le *quercitrin*, et la *quercine.* (Voir pour les quantités le tableau général n° 1.)

3ᵉ véhicule. — L'eau a sur le bois de merrain une action dissolvante bien supérieure à celle de l'alcool et de l'éther.

Comme dans les opérations précédentes, 100 grammes de chaque merrain en poudre ont été traités isolément par l'eau distillée jusqu'à épuisement complet ; l'évaporation lente de tous ces solutums a laissé pour résidus une matière extractiforme de couleur brune, de saveur âpre styptique, d'odeur peu prononcée, mais dans laquelle on reconnaissait cependant l'odeur *sui generis* du merrain. Ces résidus extractifs, formés de toutes les matières solubles contenues dans le bois de merrain, ont été exactement pesés, et leur poids noté : recueillis avec soin, ils présentaient des différences considérables, comme on le verra dans le tableau général, puisque les moindres ne pesaient que 8,50, et que les plus volumineux atteignaient 22,75.

A chaud le dépouillement du bois de merrain par l'eau distillée est encore plus grand ; ces merrains, soumis à des ébullitions successives, jusqu'à ce que l'eau bouillante ne leur enlevât plus rien, se sont trouvés avoir perdu de 11,75 à 29,50 de leur poids ; il est vrai que j'opérais sur des bois non flottés.

Le dépouillement de ces résidus aqueux extractiformes par l'éther et par l'alcool, successivement à froid et à chaud, puis enfin par l'eau distillée froide et par l'eau distillée chaude, m'a permis d'extraire une matière amère très-abondante dans quelques bois et beaucoup moindre dans d'autres, du mucilage, de l'albumine, et finalement de séparer complètement le ligneux. J'ai, de plus, constaté dans ces résidus la présence des principes que m'avaient déjà fournis l'éther et l'alcool, quoique ces principes soient insolubles dans l'eau lorsqu'ils sont isolés.

Pour terminer l'analyse chimique des merrains, il me restait à recueillir les sels minéraux qu'ils contiennent ; à cet effet, j'ai fait calciner isolément 100 grammes de chacun de ces bois dans une capsule de platine : les cendres obtenues étaient très-peu volumineuses, un centième environ ; et, chose remarquable, le bois de merrain qui n'avait pas été dépouillé de ses principes solubles ne laissait après son incinération que très-peu de cendres de plus que celui qui avait été entièrement épuisé. Les cendres recueillies avaient toutes une couleur grise, elles étaient très-légères, ne cédaient à l'eau distillée ni à l'alcool aucun principe soluble, elles se dissolvaient presque en entier dans l'acide hydrochlorique faible en faisant une légère effervescence. Le dépouillement de ce solutum m'a permis de constater dans ces cendres la présence du sulfate de chaux,

du carbonate de chaux,

de l'alumine,

et de l'oxyde de fer.

L'examen de la petite partie de cendres insolubles dans l'acide hydrochlorique m'a démontré que c'était de la silice.

Il résulte donc de l'ensemble de ces opérations que les bois de merrain contiennent :

1° De la cérine,
2° De la quercine,
3° Du quercitrin (matière colorante jaune),
4° Du tanin,
5° De l'acide gallique,
6° De la matière extractive amère,
7° Du mucilage,
8° De l'albumine,
9° Du ligneux,
10° Du carbonate de chaux,
11° Du sulfate de chaux,
12° De l'alumine,
13° De l'oxyde de fer,
14° De la silice.

Parmi les principes qui constituent les bois de merrain, il en est d'une innocuité complète, soit parce qu'ils s'y trouvent en trop faible quantité pour être appréciables, soit parce qu'ils sont entièrement insolubles dans les liquides spiritueux; je les ai laissés de côté et ne me suis occupé dans la suite de mon travail que de ceux dont la quantité, la solubilité, la couleur, l'odeur et le goût peuvent avoir quelque influence sur ces liquides.

C'est ainsi que la cérine, l'albumine, le ligneux, les sels minéraux ont été délaissés, réservant pour un examen minutieux la quercine, le tanin, la matière extractive, la matière mucilagineuse, la matière colorante et l'acide gallique.

Quercine. — La quercine, nous l'avons déjà dit, est une substance particulière d'apparence résineuse, très-soluble dans l'alcool, assez soluble dans l'éther, et fort peu soluble dans l'eau pure, à moins qu'elle ne soit associée au mucilage ou à la matière extractive, comme elle l'est dans le bois de merrain.

C'est à la quercine qu'est due la saveur particulière au bois de chêne, et c'est à son abondance que certains merrains du Nord doivent l'odeur balsamique qu'ils communiquent aux liquides. Les merrains qui contiennent le plus de quercine sont ceux dans lesquels la matière muqueuse est le moins abondante; tous les bois de chêne en contiennent, mais dans certains d'entre eux cette résine se trouve en si petite quantité, ou bien son élaboration a été si incomplète, qu'elle n'a pas la suavité de celle qu'on lui trouve dans les merrains du Nord.

Tanin. — Le tanin, substance bien connue, est âpre, astringent, acerbe ; on le rencontre fréquemment dans les végétaux, notamment dans les chênes dont il est un des principes conservateurs.

Le tanin a la propriété de crisper, de coaguler plusieurs autres principes immédiats des végétaux, et de former avec eux des combinés insolubles qui en modifient la nature, en diminuant ou affaiblissant leurs caractères distinctifs. C'est ainsi que l'albumine, la matière colorante, la matière extractive, abandonnent en partie les liquides dans lesquels elles sont dissoutes pour s'unir au tanin, et former avec lui des combinaisons qui se déposent en perdant leur solubilité.

On conçoit, dès-lors, les changements qui peuvent s'opérer dans un liquide dépourvu de tanin, et chargé de matière colorante, d'albumine et de mucilage, lorsqu'on le place dans une barrique neuve en bois de chêne. Presque aussitôt le tanin contenu dans le bois se dissout, se combine avec les principes que je viens d'indiquer, et les entraîne avec lui sous forme de dépôt. La liqueur se trouve alors décolorée, dépouillée, et souvent, si le tanin prédomine, elle acquiert la saveur âpre et acerbe qui caractérise ce produit végétal.

Matière extractive. — On appelle matière extractive une substance particulière soluble, se colorant à l'air, ou par sa concentration, même lorsqu'elle a lieu dans le vide. La matière extractive a une couleur foncée, une saveur amère plus ou moins prononcée ; on l'obtient par l'évaporation complète de la sève, de l'infusum, ou du décoctum des végétaux. Desséchée, cette substance prend une couleur brune noirâtre, un aspect brillant, une cassure lisse, et devient beaucoup moins soluble qu'au moment où elle a été extraite du végétal.

La difficulté qu'on éprouve à l'obtenir pure a fait douter de son existence. Plusieurs chimistes pensent qu'elle n'est qu'un composé des divers principes solubles des végétaux. Toujours est-il que, si l'on fait évaporer à siccité le décoctum ou le macératum d'un ou de plusieurs végétaux dans l'eau distillée, on obtiendra un produit qui contiendra, indépendamment des principes particuliers à ces végétaux, une matière brune, amère, se dissolvant dans l'eau et dans l'alcool faible, se desséchant complètement à la chaleur, et devenant cassant et d'un aspect luisant : c'est à cette substance que je donne le nom de *matière extractive*, me réservant d'examiner plus tard si c'est une substance simple ou une substance composée.

Les alcalis la dissolvent et *augmentent l'intensité de sa couleur;* les acides minéraux *la décolorent en partie* et diminuent sa solubilité.

Matière muqueuse. — On appelle matière muqueuse, gommeuse, ou mucilage, un produit immédiat des végétaux se dissolvant dans l'eau plus facilement à chaud qu'à froid, et lui donnant de la consistance, de la viscosité qui la fait mousser abondamment quand on l'agite. Elle est sans saveur, sans odeur, sans couleur; *mais elle s'acidifie promptement,* si on abandonne sa solution à l'air libre à une température élevée.

Le mucilage est insoluble dans l'alcool et dans l'éther, il accompagne presque toujours la matière extractive avec laquelle il a une grande affinité, et c'est sans doute à sa présence que celle-ci doit son extrême solubilité dans l'eau.

Matière colorante jaune. — Indépendamment de la matière extractive colorée, commune à tous les végétaux, le bois de chêne contient un autre principe colorant, jaune citrin, qui lui est particulier, et qui a été désigné sous le nom de *quercitrin.*

Cette matière colorante est peu abondante dans le chêne employé à la fabrication du merrain; elle est soluble dans l'éther et dans l'alcool, peu soluble dans l'eau à l'état de pureté; mais elle s'y dissout assez bien, quand elle est combinée avec les autres principes constitutifs du merrain. Elle n'a point d'odeur, sa saveur légèrement amère est peu appréciable, et, si ce n'était la teinte safranée qu'elle communique aux liqueurs alcooliques avec lesquelles on la met en contact, je l'aurais placée dans les produits inertes du bois de chêne.

Acide gallique. — L'acide gallique est un acide particulier qui existe dans quelques végétaux astringents, notamment dans le chêne, et qui accompagne le tanin, avec lequel il a une si grande affinité, qu'il est rare de les rencontrer séparément.

L'acide gallique est plus soluble dans l'alcool et dans l'éther que ne l'est le tanin, et son soluté aqueux ne précipite pas la solution de gélatine. Il a la plus grande affinité pour l'oxyde de fer qu'il enlève à presque toutes ses combinaisons, et forme avec lui un précipité bleu noirâtre; la coloration de ce précipité est plus ou moins intense, suivant le degré d'oxydation du fer.

Le bois de chêne contient peu d'acide gallique, mais l'action de cet acide sur les sels de fer est si sensible, qu'il n'en faut qu'une très-faible quantité pour produire un changement notable dans la couleur des liquides ferrugineux avec lesquels il se trouve en contact.

Tels sont les caractères particuliers et distinctifs de chacun des principes solubles contenus dans le bois de merrain; il me reste à examiner maintenant quelle est l'action qu'ils exercent sur les vins et sur les liqueurs alcooliques.

La plupart des principes contenus dans le bois de merrain, la quercine, le quercitrin, la matière extractive amère, perdent, en s'isolant, une grande partie de leur solubilité dans les liquides peu spiritueux. J'ai donc été contraint de renoncer à étudier directement l'action de chacun de ces principes pris isolément, et d'étudier l'action combinée de ces diverses matières, telles que la nature les présente dans le merrain; pour cela, voulant apprécier exactement ces effets et arriver à des résultats positifs, j'ai fait macérer séparément 20 grammes de chaque espèce de merrain pulvérisés dans 500 grammes de vins blancs divers, de vins rouges de diverses qualités, d'eau-de-vie et d'alcool, de manière à ce que les mêmes vins et les mêmes alcools se trouvassent en contact avec les diverses qualités de bois de merrain.

Après huit jours de contact, tous ces liquides ont été filtrés; ils présentaient entre eux, soit pour la couleur, soit pour l'odeur et le goût, des différences bien tranchées qui coïncidaient parfaitement avec la nature particulière de chaque bois.

Vins blancs. — Les vins blancs, dans lesquels avaient macéré les bois de Dantzig et de Stettin, n'avaient pas sensiblement changé de couleur; le tanin ne leur avait donné qu'une très-légère âpreté, en partie masquée par la saveur balsamique de la quercine. Cette saveur agréable s'harmonise parfaitement avec la sève du vin dont elle semble être une émanation, de telle sorte que des vins blancs sans sève et sans arome acquièrent, par leur conctact avec les bois de chêne de **Dantzig** et de **Stettin**, un arome qui n'est pas sans agrément.

Les vins blancs de même sorte, dans lesquels avaient été mis en macération des bois de **Lubeck**, de **Riga**, de **Mémel**, avaient acquis une coloration très-marquée et une saveur âpre qui empêchait de distinguer la saveur balsamique de la quercine, que ces bois leur avaient cependant fournie en quantité très-appréciable.

Les bois d'Amérique ont peu d'action sur les vins blancs; ils ne les colorent pas et ne leur communiquent aucune odeur, aucune saveur étrangère, si ce n'est une légère amertume appréciable dans ces expériences, mais qui doit passer inaperçue, quand ces liquides ont été simplement en contact avec des bois de cette nature non pulvérisés. C'est que ces bois contiennent peu de tanin, peu de quercine, la matière extracto-muqueuse y domine, et, comme celle-ci est peu soluble dans les vins liquoreux, ces bois doivent particulièrement convenir pour les vins blancs.

Le merrain de Bosnie est celui dont l'action est le plus marquée sur les vins blancs délicats; la grande quantité de tanin qu'il renferme leur donne de l'âpreté et une saveur désagréable; de plus, la matière extractive qu'il leur cède en abondance les colore plus ou moins, suivant leur nature : il est même des vins qui, après avoir séjourné dans ce bois, prennent au contact de l'air une teinte noire. Cette teinte noire est due à l'acide gallique emprunté au merrain, et qui réagit alors d'une manière très-apparente sur les vins blancs riches en sels ferrugineux.

D'après cela, il faut éviter de loger les vins blancs délicats dans des futailles construites en bois de Bosnie, et réserver celles-ci pour les vins communs, de préférence pour les rouges.

L'emploi du bois de pays, et particulièrement celui de l'Angoumois, ne présente pas de si graves inconvénients, car, quoiqu'ils contiennent tous du tanin et de la matière extractive en assez grande quantité, ils sont loin d'en fournir autant que les bois de Bosnie.

En me résumant, voici l'ordre dans lequel doivent être classés les bois de merrain par rapport à leur action sur les vins blancs :

Amérique, qui est sans action apparente; Dantzig, Stettin, qui leur donnent une saveur agréable; Lubeck, Riga, Mémel, qui en modifient sensiblement la couleur et leur donnent une légère âpreté; Angoulême, Dordogne, Bayonne, qui en altèrent également la couleur et le goût. (Voir le tableau n° 2.)

Vins rouges. — Les vins rouges éprouvent aussi des modifications plus ou moins marquées par leur contact avec le bois de chêne; mais il est des éléments que le merrain peut éliminer ou augmenter dans les vins rouges, tels que le tanin, la matière colorante, etc., sans que la qualité de ces vins en soit altérée d'une manière aussi sensible que le sont les vins blancs de crûs analogues. (Voir le résumé de mes expériences au tableau n° 3.)

Ainsi que je l'ai indiqué dans mon analyse des vins de la Gironde, le tanin est l'un des éléments constitutifs dont la quantité proportionnelle importe le plus à la dépuration et à la conservation des vins rouges; il en est pourtant qui, très-chargés en couleur et trop riche en matière muqueuse, se trouvent, surtout en certaines années, dépourvus d'une quantité suffisante de tanin; on conçoit dès-lors l'avantage qu'il y a à les loger dans des futailles dont le bois puisse leur céder le complément de tanin qui leur manque, pour parcourir tous les degrés de la fermentation vineuse et se dépouiller du mucilage et de la surabondance de couleur : telles sont les futailles construites en merrain de Bosnie et en merrain de pays.

Mais, pour les vins fins du haut Médoc, pour les vins délicats de nos graves, pour les vins légers de nos coteaux dont la couleur et la saveur doivent être respectés, et qui péricliteraient dans les futailles en bois de Bosnie, il faut les loger dans des barriques construites en bois du Nord. Ainsi aux gros vins des palus, de l'Entre-deux-Mers, des bords de la Dordogne, de Saint-Macaire, etc., les bois de Bosnie et de pays; à ceux de Médoc, de graves et de côtes, les bois du Nord, particulièrement ceux de Dantzig et de Stettin.

Ce que je viens de dire de l'action des bois de merrain sur les vins blancs et sur les vins rouges est applicable aux eaux-de-vie et aux alcools, observant toutefois que la quercine, le tanin et la matière colorante sont les seuls agents qui puissent agir sur ces spiritueux, la matière muqueuse, l'albumine, etc., n'étant point solubles dans les liqueurs très-alcooliques. (Voir le tableau n° 3.)

Les bois qui ont le moins d'action sur les spiritueux sont ceux d'Amérique.

Ceux qui leur communiquent la sève la plus agréable sont ceux de Dantzig, de Stettin, de Riga et d'Angoulême.

Ceux qui leur donnent le plus de couleur sont les bois de Bosnie, de pays, de Mémel et de Lubeck.

On a remarqué depuis longtemps que les eaux-de-vie acquièrent en vieillissant une suavité particulière et un goût de rancio très-recherché ; il est évident que ces qualités si précieuses s'obtiendront, et mieux et plus vite, si on renferme cette agréable liqueur dans des futailles du bois le plus propre à les lui donner ; or, les bois les moins chargés de matière extractive amère, contenant le plus de quercine et de quercitrin, doivent être préférés, et ce sont ceux du Nord et de l'Angoumois.

Comme il n'est pas toujours possible de se procurer des barriques appropriées à la nature des vins qu'on veut loger, et que, d'ailleurs, la plupart des propriétaires ne sont pas aptes à reconnaître le genre de merrain employé à la fabrication des barriques, il est bon de leur donner le moyen de mettre leurs vins suaves et délicats à l'abri des dangers que leur ferait courir un long contact avec la matière extractive et avec le tanin contenus dans le bois de chêne.

On n'a pas oublié que les alcalis agissent sur la matière extractive, lui donnent une couleur plus foncée et en facilitent la solution, tandis que les acides minéraux affaiblissent la couleur et la solubilité de ce principe ; dès-lors, il est évident qu'au lieu de laver, comme d'usage, les barriques neuves avec des eaux alcalines, telles que lessive de cendres, lait de chaux, solution de potasse, tous véhicules qui produisent un effet opposé à celui que l'on désire, il faut les laver avec de l'eau acidulée; pour cela, versez dans les barriques neuves vingt litres d'eau de fontaine dans laquelle vous aurez ajouté 500 grammes d'acide sulfurique (huile de vitriol).

Laissez séjourner vingt-quatre heures , agitez de temps à autre, de manière à renouveler les surfaces mouillées et que l'acide puisse agir sur toutes les parois de la barrique, puis versez cette eau acidulée dans une autre barrique neuve, rincez la première avec de l'eau fraîche, afin de lui enlever l'acidité que le bois aurait pu retenir, lavez ensuite à l'eau bouillante, puis laissez égoutter vingt-quatre heures (**1**).

Les modifications que le bois de merrain de certaines localités exerce sur les vins n'avaient point échappé à l'observation réfléchie de certains propriétaires de vignobles; beaucoup d'entre eux ont aussi remarqué les avantages que présente sur l'emploi des barriques neuves l'emploi de barriques ayant déjà servi à contenir de bon vin. En effet, comme nous l'avons déjà fait observer, la barrique neuve peut agir sur les vins de deux manières, soit en leur fournissant des éléments nuisibles, soit en les privant en partie des principes qui sont indispensables à leurs propriétés physiques, tels que le tanin et la matière colorante.

Les barriques qui ont déjà servi ne peuvent plus agir de la sorte, attendu qu'il s'est formé dans leur intérieur et sur toute la surface des douves une croûte imperméable de matière colorante, de matière muqueuse et de tartre. Mais il y a de nouveaux dangers à courir : ces barriques peuvent avoir contracté de l'acidité, un goût vicieux ; et elles les communiqueraient aux vins, si elles n'avaient pas été convenablement lavées. Pour celles-ci, les lavages à *l'eau alcaline* sont très-utiles, d'abord parce que l'alcali sature l'acide acétique qui peut s'être formé dans la barrique, puis parce qu'il aide la solution d'une partie du tartre adhérent aux parois, et rend ainsi leur *nettoiement* plus facile et plus complet.

Il faut donc laver à *l'eau acidulée* les barriques *neuves*, et à *l'eau alcaline* les barriques de *vidanges;* les barriques récemment vidées n'ont pas besoin de lavages alcalins.

La nécessité reconnue de faire séjourner de l'eau dans les barriques neuves, afin de les dépouiller le plus possible de la matière soluble, doit faire comprendre l'avantage inappréciable qu'il y aurait à n'employer pour la fabrication des barriques que du *bois flotté*, c'est-à-dire du bois qui a séjourné pendant trente à quarante jours, au moins, dans de grandes masses d'eau, où il

(1) L'eau acidulée peut servir à traiter successivement plusieurs barriques, si l'on a soin d'ajouter de temps en temps un peu d'eau et un peu d'acide pour remplacer ce que les barriques en ont absorbé.

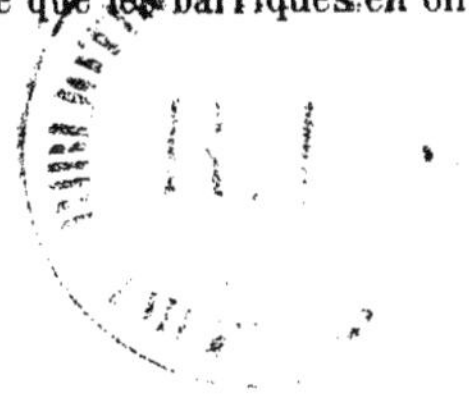

ait pu se dépouiller des parties les plus solubles qu'il contenait, notamment de la matière extractive et de la matière muqueuse. La présence de cette dernière a un fâcheux résultat pour les vins plats, peu corsés, chargés de mucilage, et qui se piquent et s'aigrissent facilement. Ce sont surtout ces sortes de vins qu'il importe de loger dans des futailles construites en bois flotté, ou tout au moins en chêne noir ; car il est digne de remarque que les merrains mucilagineux proviennent le plus souvent des chênes blancs.

Les bois de chênes blancs peuvent être employés avec avantage à loger les vins blancs capiteux, d'abord parce que ces bois sont moins susceptibles de les colorer, puis parce que les vins blancs contiennent ordinairement peu de matière muqueuse, et que la quantité d'alcool qu'ils renferment s'oppose à la solution de cette matière.

Des expériences et des faits qui précèdent je conclus :

1° Que les bois de merrain employés dans la tonnellerie contiennent tous les mêmes principes, mais que, dans chaque bois, les proportions de ces principes varient selon les lieux de production ;

2° Que les principes solubles du bois de chêne peuvent influer d'une manière notable sur la qualité des liquides spiritueux qu'on y renferme, principalement sur les vins ;

3° Que cette action est plus appréciable sur les vins blancs que sur les vins rouges, et beaucoup plus sur les crûs légers et délicats que sur les vins colorés et corsés ;

4° Que les bois d'Amérique et ceux du Nord contiennent moins de principes solubles que ceux des autres provenances ;

5° Que les merrains d'Amérique, de Dantzig et de Stettin sont ceux qui ont le moins d'action sur les spiritueux en général, et que, toutefois, les vins trouvent dans ces deux dernières espèces des éléments de conservation et de bonification ;

6° Que les alcalis exaltent la couleur et la solubilité de la matière extractive des bois de merrain ; que les acides minéraux, au contraire, affaiblissent la couleur et la solubilité de ce principe.

(Ce Mémoire est extrait des Actes de l'Académie des sciences, belles-lettres et arts de Bordeaux.)

TABLEAU *indiquant la composition chimique des bois de merrain employés dans la tonnellerie* (1).

| SÉRIES. | LIEUX de provenance du MERRAIN. | MATIÈRES SOLUBLES DANS | | | | | | | | MATIÈRES INSOLUBLES. | | | NATURE des cendres (2) |
| | | L'ÉTHER. | | L'ALCOOL. | | | L'EAU. | | | | POIDS | CENDRES | |
		Cérine.	Quercine.	Tanin.	Querci-trin.	Acide gallique.	Extractif.	Mucilage.	Albumine	Ligneux.	TOTAL des MATIÈRES solubles.	obtenues de 100 gr. merrain.	
1re.	Dantzig......	0,150	0,950	2,500	0,680	0,170	8,900	1,250	0,250	85,150	14,850	0,410	Carbonate de chaux, sulfate de chaux, alumine, oxyde de fer.
	Stettin.......	0,165	0,920	3,100	0,670	0,210	9,100	1,300	0,230	84,235	15,765	0,405	
	Lubeck......	0,210	0,900	3,800	0,640	0,230	8,200	1,400	0,210	84,510	15,490	0,400	
	Mémel.......	0,185	0,910	4,400	0,650	0,315	10,450	1,200	0,215	84,675	18,325	0,510	
	Riga.........	0,155	0,870	3,950	0,690	0,270	11,100	1,250	0,100	81,615	18,385	0,515	
2e.	Amérique...	0,115	0,630	1,700	0,350	0,110	6,250	3,800	0,290	86,705	13,295	0,500	
3e.	Bosnie.......	0,170	0,825	9,900	0,720	0,360	15,450	2,100	0,420	70,355	29,645	0,610	
4e.	Angoulême .	0,145	0,805	6,750	0,690	0,220	11,500	1,900	0,340	77,680	22,320	0,520	
	Dordogne...	0,140	0,780	6,900	0,580	0,270	11,750	1,950	0,270	77,360	22,640	0,535	
	Bayonne	0,145	0,690	8,850	0,695	0,290	14,250	2,265	0,390	72,445	27,555	0,580	

(1) Toutes les opérations ont été faites isolément sur 100 grammes de chaque merrain en poudre.
(2) Les cendres de bois de merrain sont toutes composées des mêmes principes, dont les proportions diffèrent fort peu.

TABLEAU *indiquant les changements apparents opérés sur les vins blancs par leur macération sur le bois de merrain en poudre.*

SÉRIES.	LIEUX de provenance du merrain.	LIEUX de provenance DU VIN.	CHANGEMENTS PHYSIQUES.			MATIÈRES ABSORBÉES PAR LE VIN.			
			Couleur.	Saveur.	Odeur	Tanin.	Extractif	Quercine	Mucilage.
1re.	N° 1. Dantzig.	Barsac.	Pas de changement.	Agréable.	Pas chang.	8	1,90	0,180	Peu.
		Sauternes		Id.	Id.	9	1,90	0,175	
		Podensac		Id.	Id.	8	2	0,175	
		Paillet.		Pas changée.	Agréable.	10	2,20	0,190	
	N° 2. Stettin.	Barsac.	Légère coloration	Un peu âpre.	Agréable.	28	1,80	0,180	Peu.
		Sauternes				27	1,80	0,180	
		Podensac				30	1,90	0,190	
		Paillet.				34	2,10	0,195	
	N° 3. Lubeck.	Barsac.	Coloration prononcée.	Plus d'âpreté que les précédents.	Odeur de merrain marquée.	37	1,90	0,170	Peu.
		Sauternes				39	1,90	0,170	
		Podensac				40	1,95	0,170	
		Paillet.				48	2,20	0,190	
	N° 4. Riga.	Barsac.	Coloration plus prononcée.	Même âpreté que le n° 3.	Odeur plus marquée que le n° 3	24	2,5	0,160	Peu.
		Sauternes				24	2,10	0,160	
		Podensac				25	2,25	0,160	
		Paillet.				27	2,50	0,165	
	N° 5. Mémel.	Barsac.	Couleur foncée.	Plus âpre que le n° 4.	Odeur de bois désagréable.	31	2,75	0,085	Peu.
		Sauternes				31	2,75	0,085	
		Podensac				32	2,75	0,090	
		Paillet.				34	2,90	0,090	
2e.	N° 6. Amérique	Barsac.	Pas de changement.	Pas d'âpreté appréciable.	Peu appréciable.	9	0,60	0,110	Abondant
		Sauternes				9,50	0,60	0,110	
		Podensac				10	0,63	0,115	
		Paillet.				12	0,75	0,120	
3e.	N° 7. Bosnie.	Barsac.	Coloration foncée, noirâtre. Id. foncée un peu noirâtre.	Apreté très-forte et amertume prononcée	Odeur de bois très-désagréable.	96	3,10	0,110	Abondant
		Sauternes				97	3,10	0,115	
		Podensac				97	3,20	0,110	
		Paillet.				100	3,70	0,115	
4e.	N° 8. Angoulême.	Barsac.	Moins coloré que le n° 5.	Même âpreté que le n° 5.	Odeur de merrain assez agréable.	58	2,50	0,117	Assez abondant.
		Sauternes				58	2,50	0,117	
		Podensac				59	2,60	0,120	
		Paillet.				64	2,90	0,120	
	N° 9. Dordogne	Barsac.	Coloration comme le n° 5.	Plus âpre que le n° 8.	Odeur moins agréable que le n° 8	63	2,80	0,105	Comme le n° 8.
		Sauternes				64	2,80	0,105	
		Podensac				64	2,90	0,110	
		Paillet.				68	3,00	0,110	
	N° 10. Bayonne.	Barsac.	Coloration plus foncée que le n. 9.	Bien plus âpre que le n. 9, un peu moins que le n. 7.	Odeur de bois très-marquée, mais un peu moins que le n. 7.	70	2,90	0,129	Plus abondant que le n. 8, moins que le n. 7.
		Sauternes				70	2,90	0,120	
		Podensac				71	2,95	0,125	
		Paillet.				74	3,30	0,130	

TABLEAU *des changements apparents opérés sur les vins rouges par leur macération sur le bois de merrain en poudre*

SÉRIES.	LIEUX de provenance du merrain.	LIEUX de provenance DU VIN.	CHANGEMENTS PHYSIQUES. Couleur.	Saveur.	Odeur.	MATIÈRES ABSORBÉES PAR LE VIN. Tanin.	Extractif	Quercine	Observations.
1re.	Nº 1. Dantzig.	Latrène. Queyries. Haut-Brion. Margaux.	Pas de changem. Un peu plus fonc.	Un peu d'âpreté, sève agréable.	Pas de change-ment.	21 27 16 10	1,20 1,25 1,15 1,10	0,185 0,180 0,170 0,170	Il est digne de remarque que les vins très-chargés de matière colorante absorbent une plus grande quantité de tanin et autres principes solubles du bois de merrain, que les vins légers en couleur. La quantité de tanin fournie par le bois de Bosnie a servi de type pour mesurer celle des autres merrains.
	Nº 2. Stettin.	Latrène. Queyries. Haut-Brion. Margaux.	Pas de changem. Plus coloré.	Un peu plus âpre que le n. 1, sève agréable.	Légère odeur de merrain.	52 34 56 25	1,50 1,55 1,20 1,18	0,180 0,175 0,110 0,175	
	Nº 3. Lubeck.	Latrène. Queyries. Haut-Brion. Margaux.	Pas de changem. Plus foncée.	Un peu plus âpre que les précédens sève moins agréable.	Odeur de merrain.	38 36 29 27	1,50 1,75 1,50 1,55	0,180 0,170 0,165 0,160	
	Nº 4. Riga.	Latrène. Queyries. Haut-Brion. Margaux.	Un peu plus color Bien plus coloré.	Même âpreté que le nº 3.	Odeur de merrain plus mar-quée que le préced.	26 28 24 25	1,40 1,45 1,20 1,50	0,155 0,165 0,160 0,160	
	Nº 5. Mémel.	Latrène. Queyries. Haut-Brion. Margaux.	Plus coloré. Color. très marquée.	Âpreté plus pro-noncée que le précédent	Même odeur que le nº 4.	55 57 28 57	1,60 1,60 1 1,55	0,180 0,175 0,165 0,090	
2e.	Nº 6. Amérique	Latrène. Queyries. Haut-Brion. Margaux.	Pas de changem. Légère décolorat.	Pas de change-ment.	Pas de change-ment.	14 14 11 11	0,90 0,95 0,85 0,80	0,095 0,090 0,095 0,020	
3e.	Nº 7. Bosnie.	Latrène. Queyries. Haut-Brion. Margaux.	Coloration plus mar-quée que le n. 5	Âpreté plus forte que le nº 5	Forte odeur de bois.	100 100 96 95	2,90 5,10 2,85 2,80	0,110 0,120 0,110 0,105	
4e.	Nº 8. Angou-lème.	Latrène. Queyries. Haut-Brion. Margaux.	Pas de changem. Plus coloré.	Âpreté sensible comme le nº 4.	Même odeur que le nº 5.	66 63 61 61	2,10 2 1,90 1,85	0,125 0,120 0,115 0,120	
	Nº 9. Dordogne	Latrène. Queyries Haut-Brion. Margaux.	Légère coloration Colora-tion très-sensible.	Un peu plus âpre que le précédent	Odeur de bois plus prononcée que le n. 8.	72 78 71 70	2,25 2,20 1,90 1,95	0,115 0,115 0,120 0,115	
	Nº 10. Bayonne.	Latrène. Queyries. Haut-Brion. Margaux.	Plus coloré que le nº 9.	Plus âpre que le n. 9, un peu moins que le n. 7.	Odeur de bois plus marquée que le n. 9, moins que le n. 7.	79 80 69 78	2,45 2,45 2 2,05	0,120 0,125 0,115 0,110	

TABLEAU *indiquant les changements apparents opérés sur les alcools et les eaux-de-vie par leur macération sur le bois de merrain en poudre.*

SÉRIES.	LIEUX de provenance du merrain.	ALCOOL.	EAU-DE-VIE.	CHANGEMENTS PHYSIQUES.			MATIÈRES DISSOUTES PAR LES SPIRITUEUX.		
				Couleur.	Odeur.	Saveur.	Tanin.	Quercine	Querci-trin.
1re.	No 1. Dantzig.	A 85.	A 52.	Légère coloration	Balsamique.	Agréable.	5	0,720	490
	No 2. Stettin.	A 85.	A 52.	Coloration plus marquée que le précédent.	Légèrement balsamique.	Agréable.	14	0,710	480
	No 3. Lubeck.	A 85.	A 52.	Coloration très-marquée.	Pas d'odeur.	Moins agréable que le n. 2, un peu âpre.	17	0,670	470
	No 4. Riga.	A 85.	A 52.	Foncée.	Id.	Apre.	13	0,680	450
	No 5. Mémel.	A 85.	A 52.	Plus foncée.	Id.	Apreté marquée.	16	0,620	320
2e.	No 6. Amérique	A 85.	A 52.	Ambrée.	Id.	Pas de changement.	4	0,340	360
3e.	No 7. Bosnie.	A 85.	A 52.	Plus foncée que le no 5.	Odeur de bois.	Très-âpre.	52	0,670	480
4e.	No 8. Angoulême.	A 85.	A 52.	Coloration comme le no 3.	Moins balsamique que le no 2.	Agréable, un peu âpre.	26	0,590	450
	No 9. Dordogne	A 85.	A 52.	Coloration comme le no 4.	De bois.	Apreté marquée.	31	0,510	369
	No 10. Bayonne.	A 85.	A 52.	Comme le no 5.	De bois.	Très-âpre.	42	0,515	380